奇趣科学
QIQU KEXUE
玩转地理
WANZHUAN DILI

水的神秘世界

刘清廷◎主编

U0723158

时代出版传媒股份有限公司
安徽美术出版社
全国百佳图书出版单位

图书在版编目（CIP）数据

水的神秘世界/刘清廷主编.—合肥：安徽美术出版社，2013.3（2021.11重印）（奇趣科学.玩转地理）

ISBN 978-7-5398-4247-9

Ⅰ.①水… Ⅱ.①刘… Ⅲ.①水–青年读物②水–少年读物 Ⅳ.①P33-49

中国版本图书馆 CIP 数据核字（2013）第 044198 号

奇趣科学·玩转地理

水的神秘世界

刘清廷 主编

出　版　人：王训海

责任编辑：张婷婷

责任校对：倪雯莹

封面设计：三棵树设计工作组

版式设计：李　超

责任印制：缪振光

出版发行：时代出版传媒股份有限公司

　　　　　安徽美术出版社（http://www.ahmscbs.com）

地　　址：合肥市政务文化新区翡翠路 1118 号出版传媒广场 14 层

邮　　编：230071

销售热线：0551-63533604　0551-63533690

印　　制：河北省三河市人民印务有限公司

开　　本：787mm×1092mm　　1/16　印　张：14

版　　次：2013 年 4 月第 1 版　2021 年 11 月第 3 次印刷

书　　号：ISBN 978-7-5398-4247-9

定　　价：42.00 元

{PREFACE}

前言▶

PREFACE

水的神秘世界

  水是人类生活的重要资源。人类文明的起源多数在大河流域或海边。早期城市一般都建立在水边，以解决灌溉、饮用和排污问题。在人类日常生活中，水在饮用、清洁等方面的作用不可或缺。

  在古代，中国人就已把水力灵活地运用到农业中：为保证水稻生活的湿润环境，人们在田沿筑起土埂，防止田内余水流失，大大地提高了水稻产量。

  水力利用的另一种方式是通过水轮泵或水锤泵扬水。水力利用的原理是将较大流量和较低水头形成的能量直接转换成与之相当的较小流量和较高水头的能量。虽然在转换过程中会损失一部分能量，但在交通不便和缺少电力的偏远山区进行农田灌溉、村镇给水等，仍不失其应用价值。20世纪60年代起，水轮泵在中国得到发展，也被一些发展中国家所采用。

  随着科学技术的发展，人们加大了对水力的利用，与洪涝灾害等自然灾害作斗争。因此形成了一些专门与水力有关的研究领域，进而产生了以水力为生的产业。

  现代的水力利用，主要是利用水能进行发电。据2004年统计，世界上大约有五分之一的电力供应是来自水力发电，有 24 个国家的水电比重超过 90%。到了 2007 年，全球水电装机达到 848400 兆瓦，约占全球电力供应量的 20%，水电开发程度按发电量与经济可开发量的比值计算达到了 35%，其中非洲为 11%，亚洲为 25%，大洋洲为 45%，欧洲为 71%，北美洲为 65%，南美洲为 40%。

　　水力利用是水资源综合利用的一个重要组成部分。近代大规模的水能利用，往往涉及整条河流的综合开发，或涉及全流域甚至几个国家的能源结构及规划等。它与国家的工农业生产和人民的生活水平提高息息相关。因此，水力利用需要国家在对地区的自然和社会经济综合研究基础上，进行微观和宏观决策。

CONTENTS

目录

水的神秘世界

水与水能

地球表层水体构成了水圈，包括海洋、河流、湖泊、沼泽、冰川、积雪、地下水和大气中的水。北美洲的五大湖是世界上最大的淡水水系。还有许许多多的河流纵横在土地上。

天然的水流所蕴藏的动能统称为水能，或称水力资源。水力是一种宝贵的自然资源，是取之不尽用之不竭的可再生能源，而且是洁净的能源。

从广义上来说，水能资源包括河流水能、潮汐水能、波浪能、洋流能等能量资源；狭义的水能资源指河流的水能资源。

◆ 水

水包括天然水（河流、湖泊、大气水、海水、地下水等），人工制水（通过化学反应使氢氧原子结合得到水）。

水是地球上最常见的物质之一，是包括人类在内所有生命生存的重要资源，也是生物体最重要的组成部分。无论是过去、现在还是将来，水始终是影响人类社会发展的重要因素。一旦失去了水，万物将无法生存。水是生命之源，水和我们的生活息息相关。

1993 年 1 月，第四十七届联合国大会作出决议，确定每年的 3 月 22 日为"世界水日"。

水不仅是生物体的重要组成部分，也是地理环境中最活跃的因素之一。正因为有了水，地球才变得丰富多彩，生机盎然。

广角镜

世界水日的设立

为了唤起公众的节水意识，建立一种更为全面的水资源可持续利用的体制和相应的运行机制，1993 年 1 月，第四十七届联合国大会根据联合国环境与发展大会制定的《21 世纪行动议程》中提出的建议，确定自 1993 年起，将每年的 3 月 22 日定为"世界水日"，以推动对水资源进行综合性统筹规划和管理，加强水资源保护，解决日益严峻的缺水问题。同时，通过开展广泛的宣传教育活动，增强公众对开发和保护水资源的意识。

◎ 水的形成

与我们时刻相伴的水是怎么形成的呢？目前，对地球上的水是怎么来的有很多种说法，归结起来，可分为 2 大类：①原生说（自生说），即认为地球上的水来自地球内部；②外生说，即认为地球上的水来自地球以外的宇宙空间。

原生说（自生说）认为，35 亿年前，原始的宇宙星云凝聚成地球，随着地球快速的自转，含在熔融状态的原始物质里的水分便向地表移动，最终逐渐释放出来。当地球表面温度降至 100℃以下时，呈气态的水才凝结成雨降落到地面。

基本小知识

陨 石

陨石是地球以外未燃尽的宇宙流星脱离原有运行轨道或成碎块散落到地球或其他行星表面的、石质的、铁质的或是石铁混合的物质。它也称陨星。大部分陨石来自小行星带，小部分来自月球和火星。

外生说大约又分为 2 种情况：一种认为大量的陨石降落到地球表面，从而源源不断地带来了宇宙的水；另一种则认为从太阳辐射带来正电的基本粒子——质子，与地球大气中的电子结合成氢原子，再与氧原子化合成水分子。

当然，无论哪种说法，都有待于科学的进一步研究。

◎水的分布

水是地球上分布最广泛的物质之一。自然界的水总是以气态、液态和固态 3 种形式存在于空中、地表与地下，成为大气水、海水、陆地水以及存在于所有动植物有机体内的生物水，组成一个统一的相互联系的水圈。

地球总面积约 5.1 亿平方千米，其中海洋面积约 3.613 亿平方千米，约占地球总面积的

广角镜

水与生命

生物都是含水的系统。只有在含水的情况下，才有生命活动。生物水在生命的繁衍中有着多种重要作用。正常生理条件下，体液在机体内流动、循环，把养料和废物分别运送到一定的部位，在浩繁的生命活动中完成运载工具的重要功能。水又是一个优良的溶剂，它为生命提供了一个合适的介质环境。水还是光合作用、葡萄糖酵解等多种重要反应的直接参加者。

70.8%。海洋的总水量约 13.38 亿立方千米，约占地球总水量的 96.5%，折合成水深可达 3700 米，如果平铺在地球表面，平均水深可达 2640 米。除海洋外，还有湖泊、河流、沼泽、冰川等。地表约 $\frac{3}{4}$ 被水所覆盖。

地表之上的大气中的水汽来自地球表面各种水体水面的蒸发、土壤蒸发以及植物散发，并借助空气的垂直交换向上输送。一般来说，空气中的水汽含量随高度的增大而减少。科学观测表明，在 1500～2000 米高度上，空气中的水汽含量已减少为地面的 $\frac{1}{2}$；在 5000 米高度，减少为地面的 $\frac{1}{10}$；再向上，水汽含量则更少，水汽最高可达平流层顶部，高度约 55000 米。大气水在 7 千米以内总量约 12900 立方千米，折合成水深约为 25 毫米，仅占地球总水量的 0.001%。虽然数量不多，但活动能力却很强，是云、雨和雪等的水源。

地球上的水，水平分布面积很广，垂直分布存在于大气圈、生物圈和岩石圈之中，其水量非常丰富，约为 13.68 亿立方千米，所以地球有"水的行星"之称。

水是宝贵的自然资源，也是自然生态环境中最积极、最活跃的因素。同时，水又是人类生存和社会经济活动的基本条件，其应用价值表现为水量、水质和水能。

世界上一切水体，包括海洋、湖泊、河流、沼泽、冰川、地下水以及大气中的水分，都是人类宝贵的财富，即水资源。目前，限于当前技术条件，对含盐量较高的海水和分布在南、

拓展阅读

地球圈层的划分

地球圈层分为地球外圈和地球内圈两大部分。地球外圈可进一步划分为三个基本圈层，即大气圈、水圈、生物圈；地球内圈可进一步划分为三个基本圈层，即地壳、地幔和地核。此外，在地球外圈和地球内圈之间还存在一个软流圈。它是地球外圈与地球内圈之间的一个过渡圈层，位于地面以下平均深度约 150 千米处。

北两极的冰川的大规模开发利用还存在很多困难。河流、湖泊、地下水等淡水，能够被人类直接或间接开发利用，尽管这几种淡水资源合起来只占全球总水量的 0.32% 左右，约为 1065 万立方千米，但却是目前研究的重点。

需要说明的是，大气降水不但是径流形成的最重要因素，而且是淡水资源的最主要的补给来源。

◎ 水循环

水循环是指地球上各种形态的水在太阳辐射、地心引力等作用下，通过蒸发、水汽输送、凝结降水、下渗以及径流等环节，不断地发生相态转换和周而复始运动的过程。

知识小链接

相　态

相态（或简称相，也叫物态）也就是物质的状态，指一个宏观物理系统所具有的一组状态。一个相态中的物质拥有单纯的化学组成和物理特性（如密度、晶体结构、折射率等）。最常见的物质状态有固态、液态和气态。少见一些的物质状态包括等离子态、夸克－胶子等离子态、玻色－爱因斯坦凝聚态、费米子凝聚态、酯膜结构、奇异物质、液晶、超液体、超固体和磁性物质中的顺磁性、逆磁性等。

从全球整体角度来说，这个循环过程可以设想从海洋的蒸发开始，蒸发的水汽升入空中，并被气流输送至各地，大部分留在海洋上空，少部分深入内陆，在适当条件下，这些水汽凝结降水。其中海面上的降水直接回归海洋，降落到陆地表面的雨、雪，除重新蒸发升入空中的水汽外，一部分成为地面径流补给江河、湖泊，另一部分渗入岩石层中，转化为壤中流与地下径流。地面径流、壤中流与地下径流，最后亦流入海洋，构成全球性统一的、连续有序的动态大系统。

水循环整个过程可分解为水汽蒸发、水汽输送、凝结降水、水分入渗，以及地表、地下径流5个基本环节。这5个环节相互联系、相互影响，又交错并序、相对独立，并在不同的环境条件下呈现不同的组合，在全球各地形成一系列不同规模的地区水循环。

基本小知识

太阳辐射

太阳辐射是指太阳向宇宙空间发射的电磁波和粒子流。地球所接收到的太阳辐射能量仅为太阳向宇宙空间放射的总辐射能量的二十亿分之一，但却是地球大气运动的主要能量源泉。

太阳辐射与重力作用是水循环的基本动力。此动力不消失，水循环将永远存在。其中，蒸发、降水和径流是水循环的主要环节。

从实质上说，水循环乃是物质与能量的传输、储存和转化过程，而且存在于每一环节。在蒸发环节中，伴随液态水转化为气态水的是热能的消耗；在降水环节中，伴随着凝结降水的是潜热的释放，所以蒸发与降水就是地面向大气输送热量的过程。据测算，全球海陆日平均蒸发量为 1.5808 万亿立方米，是长江全年入海径流量的 1.6 倍，蒸发这些水汽的总耗热量高达 3.878×10^{21} 焦耳，如折合电能为 10.77×10^{14} 千瓦时，等于 1990 年全世界各国总发电量的近 100 倍。

由降水转化为地面与地下径流的过程，则是势能转化为动能的过程。这些动能成为水流的动力，消耗于沿途的冲刷、搬运和堆积作用，直到注入海洋才消耗殆尽。

根据水循环的不同途径与规模，全球的水循环可分为大循环与小循环。大循环发生于全球海洋与陆地之间的水分交换过程，由于广及全球，故名大循环，又称外循环。大循环的主要特点是，在循环过程中，水分通过蒸发与降水两大基本环节，在空中与海洋，空中与陆地之间进行垂直交换，与此同

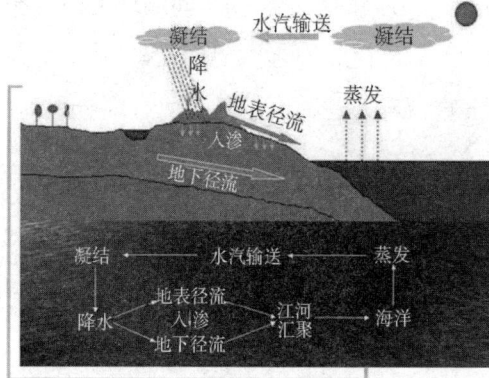

海陆间的水循环

时，又以水汽输送和径流的形式进行水平交换。交换过程中，海面上的年蒸发量大于年降水量，陆面上情况正好相反，降水大于蒸发；在水平交换过程中，海洋上空向陆地输送的水汽要多于陆地上空向海洋回送的水汽，两者之差成为海洋的有效水汽输送。正是这部分有效的水汽输送，在陆地上转化为地表和地下径流，最后回流入海，在海陆之间维持水量的相对平衡。小循环是指发生于海洋与大气之间，或陆地与大气之间的水分交换过程。小循环又称内部循环，前者又可称为海洋小循环，后者称陆地小循环。海洋小循环主要包括海面的蒸发与降水两大环节，所以比较简单。陆地小循环的情况则要复杂得多，并且内部存在明显的差别。从水汽来源看，有陆面自身蒸发的水汽，也有自海洋输送来的水汽，并在地区分布上很不均匀，一般规律是距海愈远，水汽含量愈少，因而水循环强度具有自海洋向内陆深处逐步递减的趋势。如果地区内部植被条件好，贮水比较丰富，那么自身蒸发的水汽量比较多，有利于降水的形成，因而可以促进地区小循环。陆地小循环可进一步区分为大陆外流区小循环和内流区小循环。其中外流区小循环除自身垂直方向的水分交换外，还有多余的水量，以地表径流和地下径流的方式输向海洋，而高空中必然有等量的水分从海洋送

你知道吗

植 被

植被就是覆盖地表的植物群落的总称。它是一个植物学、生态学、农学或地球科学的名词。植被可以因为生长环境的不同而被分类，譬如高山植被、草原植被、海岛植被等。环境因素如光照、温度和雨量等会影响植物的生长和分布，因此形成了不同的植被。

至陆地，所以还存在着与海洋之间的水平方向的水分交换。而陆地上的内流区，其多年平均降水量等于蒸发量，自成一个独立的水循环系统，地面上并不直接和海洋相沟通，水分交换以垂直方向为主，仅借助于大气环流运动，在高空与外界之间进行一定量的水汽输送与交换活动。

◎ 河流与湖泊

地球上参与水循环的水量，相当于全球多年平均蒸发量，其中39.5%形成河川径流（简称河流），最终汇入海洋。河流是地球上水循环的重要路径，对全球的物质、能量的传递与输送起着重要作用。

河水的来源叫作河流补给。河水最主要的来源是大气降水，尤其是降水中的雨水，经过地表径流汇入河流。世界上大多数河流的补给都是靠雨水补给。山地的湖泊，有的成为河流的源头；位于河流中下游地区的湖泊，则对河流径流起着调节的作用，在洪水期蓄积部分洪水，以削减河川的洪峰。人工湖泊——水库更是起着这样的作用。陆地上的其他水体，如冰川、地下水，也常常是河流补给的组成部分，对某些河流来说，还是相当重要的部分。然而事实上，单由一种水源补给的河流很少，绝大多数河流有多种补给形式。正是由于河水补给形式的多样性，才导致了河流径流变化的复杂性。

知识小链接

洪 峰

洪峰是一次洪水或整个汛期水位或流量过程中的最高点。它也就是洪水的最大流量。如果单位面积的降水量大于水流量，雨水就会一点一点地积累。一旦流域广，路程长之后，就会形成洪峰。

径流是指受重力作用到达地面的大气降水扣除蒸发返回大气、植物截留、土壤下渗、洼地滞蓄及地面滞留等水量后，通过不同途径形成地面径流、表层流和地下径流，汇入江河，流入湖泊、海洋的水流总称。径流的水量称为径流量，指的是一段时间内河流某一过水断面过水量，径流量反映某一地区水资源的丰歉程度。径流量在水文上有时指流量，有时指径流总量。计算公式为：径流量 = 降水量 − 蒸发量。

径流是水循环的主要环节之一。径流量是陆地上最重要的水文要素之一，是水量平衡的基本要素，是自然地理环境中最活跃的因素之一。在当前的技术、经济条件下，径流是可供长期开发利用的水资源。

世界上径流量最大的河流是南美洲的亚马孙河，其次是非洲的刚果河，然后就是中国的长江。

亚马孙河河口年平均流量 17.5 万立方米/秒，年均径流量 69300 亿立方米。

刚果河河口年平均流量 39000 立方米/秒，年径流量 13026 亿立方米。

长江河口年平均流量 31000 立方米/秒，年径流量 9600 亿立方米。

拓展阅读

降水与植物截留

植物截留指降水落到地面以前，被树木枝叶、作物茎叶截去的部分。降雨初期，雨滴落在植物枝叶上，几乎完全被叶面截留，呈小水滴或薄膜状。在没有满足最大截留量之前，植物下的地面，仅能获得少量降水，有不小的一部分降水在降落过程中，因与植物冲击而被分裂，有的落至地面，有的在降落过程中被蒸发掉。植物截留水量直到水滴重力超过表面张力时，才下落至地面。

各大洲的径流量，亚洲径流占全球的 31%，南美洲占 25%，北美洲占 17%，非洲占 10%。各大洋获得的径流量中，大西洋获得陆地地表径流总量的约 52%，其次为太平洋，占 27.2%。全世界河流径流总量按人平均分，每人约分到 10000 立方米。大洋洲平均每人占有径流量最多，欧洲最少。

河流水量有季节变化和年际变化，因而海洋获得的地表径流量也具有随季节与年际而变化的特性。

亚马孙河

河流在一年内各个月份的径流量是不同的。洪水季节和枯水季节的交替，一般很有规律。河流径流一年内有规律的变化，叫河流径流的季节变化。河流径流的季节变化，同河流的水源补给密切相关。各种类型的河流水源不同，因而径流季节变化的规律也就不同：以雨水补给为主的河流，主要是随降雨量的季节变化而变化；以冰雪和冰川融水补给为主的河流，主要是随气温的变化而变化。以我国为例，东部的河流以雨水补给为主，西部的河流以冰雪、冰川融水补给为主，东部河流的径流季节变化的规律与西部河流的有所不同。河流径流的季节变化，对人类的生产和生活有很大的影响。径流季节变化大的河流，洪水期容易发生洪涝灾害，枯水期又往往满足不了

刚果河

长江

人们用水的需要。因而修建水利工程，调节径流量的季节变化，是保证人们生产和生活用水的必要措施。

任何一条河流，它在每年的径流量都不尽相同，有的年份径流量大，有的年份径流量小，有的年份接近于正常，我们就把这种变化叫径流的年际变化。降水量的年际变化大，反映在河流径流量年际变化上也比较大。因此，很多河流需要修建水库，调节丰水年和枯水年的径流量，从而实现河流水力资源的合理开发和综合利用。

湖泊作为陆地表面具有一定规模的天然洼地的蓄水体系，是湖盆、湖水以及水中物质组合而

你知道吗

降水量是如何测量的

测定降水量的基本仪器是雨量器。它的外部是一个不漏水的铁筒，里面有盛水器、漏斗和储水瓶，另外还配有与储水瓶口径成比例的量杯。有雨时，雨水通过漏斗流入储水瓶。量雨时，将储水瓶取出，把水倒入量杯内。从量杯上读出的刻度数（毫米）就是降水量。冬季降雪时，要把漏斗和储水瓶取走，直接用储水筒容纳降水。测定降水量时，把储水筒取出带到室内，待筒内的雪融化后，倒在量杯里，再读取降水量数字。

成的自然综合体。在地表水循环过程中，有的湖泊是河流的源泉，起着水量贮存与补给的作用；有的湖泊是河流的中继站，起着调蓄河流径流的作用；还有的湖泊是河流终点的汇集地，构成了局部的水循环。

陆地表面湖泊总面积约 270 万平方千米，占全球大陆面积的 1.8% 左右，其水量约为地表河流蓄水量的 180 倍，是陆地表面仅次于冰川的第二大水体。世界上湖泊最集中的地区为古冰川覆盖过的地区，如芬兰、瑞典、加拿大和美国北部。我国也是一个多湖泊的国家，湖泊面积在 1 平方千米以上的有 2300 多个，总面积约 71787 平方千米，占全国总面积的 8% 左右。我国湖泊的分布以青藏高原和东部平原最为密集。

湖泊类型的划分方法主要有 3 种：按湖盆成因分类，按湖水补给与径流的关系分类以及按湖水盐度分类。

知识小链接

冰 川

　　冰川，亦称冰河。年平均气温在0℃以下的地区，降雪量大于融雪量，不断积累的积雪经一系列物理变化转化为冰川冰，并在自身的压力作用下向坡下运动。冰川存在于极寒之地。地球上南极和北极是终年严寒的，在其他地区只有高海拔的山上才能形成冰川。

　　湖盆是湖泊形成的基础，湖盆的成因不同，湖泊的形态、湖底的原始地形也各异，而湖泊的形态特征往往对湖水的运动和湖泊的演化都有不同程度的影响。天然湖盆是在内外力相互作用下形成的，以内力作用为主形成的湖盆主要有构造湖盆、火山口湖盆和阻塞湖盆等；以外力作用为主形成的湖盆主要有河成湖盆、风成湖盆、海成湖盆以及溶蚀湖盆等。按湖盆的成因分，主要有以下几类：

　　构造湖：由于地壳的构造运动（断裂、断层、地堑等）所产生的凹陷而形成。它的特点是湖岸平直、狭长、陡峻、深度大。例如贝加尔湖、坦噶尼喀湖、洱海等。

趣味点击　不断运动的地壳

　　地壳自形成以来，每时每刻都在运动着，这种运动引起地壳结构不断地变化。地震是人们直接感受到的地壳运动的反映。更普遍的地壳运动是在长期地、缓慢地进行着，也是人们不易觉察到的，必须借助仪器长期观测才能发觉。例如，测量资料证明，喜马拉雅山脉至今仍以每年0.33～1.27厘米的速度在上升。

　　火山口湖：火山喷发停止后，火山口成为积水的湖盆。它的特点是外形近圆形或马蹄形，深度较大。如白头山上的天池。

　　堰塞湖：有熔岩堰塞湖与山崩堰塞湖之分。前者为火山爆发熔岩流阻塞河道而形成，如镜泊湖、五大连池等；后者为地震、山崩引起河道阻塞所致，这种湖泊往往维持时间不长，又被冲刷而恢复成原河道。例如，岷江上的大、小海子（由 1932 年的地震、山崩形成）。

河成湖：由于河流的改道、截弯取直、淤积等，使原河道变成了湖盆。它的外形特点多是弯月形或牛轭形，故又称牛轭湖。水深一般较浅。例如我国江汉平原上的一些湖泊。

风成湖：由风蚀洼地积水而成，多分布在干旱或半干旱地区，湖水较浅，面积、大小、形状不一，矿化度较高。例如我国内蒙古的湖泊。

冰成湖：由古代冰川或现代冰川的刨蚀或堆积作用形成的湖泊，即冰蚀湖与冰碛湖。特点是大小、形状不一，常密集成群分布。例如芬兰、瑞典、北美洲及我国西藏的湖泊。

海成湖：在浅海、海湾及河口三角洲地区，由于沿岸洋流的沉积使沙嘴、沙洲不断发展延伸，最后封闭海湾部分地区形成湖泊，这种湖泊又称碛湖。例如我国杭州的西湖。

溶蚀湖：由于地表水和地下水溶蚀了可溶性岩层所致，形状多呈圆形或椭圆形，水深较浅。例如我国贵州的草海湖。

> **你知道吗**
>
> ### 三角洲
>
> 三角洲，即河口冲积平原，是一种常见的地表形貌。江河奔流中所裹挟的泥沙等杂质，在入海口处遇到含盐量较淡水高得多的海水，逐渐成为河口岸边新的湿地，继而形成三角洲平原。

按湖水补排情况划分，可分为吞吐湖和闭口湖两类。前者既有河水注入，又能流出；后者只有入湖河流，没有出湖水流。按湖水与海洋沟通情况分外流湖和内流湖两类。外流湖是湖水能通过出流河汇入大海，内流湖则与海洋隔绝。

按湖水矿化度和湖水含盐度划分，可分为淡水湖、微咸水湖、咸水湖及盐水湖 4 类。淡水湖矿化度小于 1 克/升；微咸水湖矿化度在 1～24 克/升；咸水湖矿化度在 24～35 克/升。外流湖大多为淡水湖，内流湖则多为咸水湖、盐水湖。

按湖水所含溶解性营养物质的不同来划分，湖泊可分为贫营养湖、中营养湖、富营养湖3大基本类型。一般靠近大城市的湖泊，由于城市污水和工业废水的大量汇入，多已成为富营养化的湖泊。

一方面，湖泊作为天然水库，对由强风或气压骤变引起的漂流而造成湖泊迎风岸与背风岸形成的水位差进行自然调节，改变湖面的倾斜状态；另一方面，人们按照一定的目的，在河道上建坝或堤堰创造蓄水条件而形成

广角镜

著名的大气压强存在的验证实验

在3个世纪以前，德国的马德堡市曾公开做了一个实验。市长、发明抽气机的格里克将两个直径为37厘米的空心铜半球合起来，使之密不漏气，然后用抽气机把铜球里的空气抽掉。接着在每个半球的环上各拴上4匹壮马同时向相反的方向拉，两个半球无法分开。最后，用了20匹壮马，铜球才一分为二。这就是著名的马德堡半球实验。该实验说明，空气不仅是有压力的，而且这个压力还很大。

人工湖泊——水库，对径流进行人为地调节，不仅能拦蓄本流域上游来水，减轻下游洪水的压力，还可以分蓄江河洪水，减小河段的洪峰流量，滞缓洪峰发生的时间。

◎ 水 库

水库是指在山沟或河流的狭口处建造拦河坝形成的人工湖泊。水库建成后，可起防洪、蓄水灌溉、供水、发电、养鱼等作用。

1. 水库的防洪作用

水库是防洪广泛采用的工程措施之一。在防洪区上游河道适当位置兴建能调蓄洪水的综合利用水库，利用水库库容拦蓄洪水，削减进入下游河道的洪峰流量，达到减免洪水灾害的目的。水库对洪水的调节作用有两种不同方式，一种起滞洪作用，另一种起蓄洪作用。

（1）滞洪作用。

滞洪就是使洪水在水库中暂时停留。当水库的溢洪道上无闸门控制，水库蓄水位与溢洪道堰顶高程平齐时，则水库只能起到暂时滞留洪水的作用。

> **基本小知识**
>
> ### 溢洪道
>
> 溢洪道是水库等水利建筑物的防洪设备，多筑在水坝的一侧，像一个大槽。当水库里水位超过安全限度时，水就从溢洪道向下游流出，可防止水坝被毁坏。

（2）蓄洪作用

在溢洪道未设闸门情况下，在水库管理运用阶段，如果能在汛期前用水，将水库水位降到水库限制水位，且水库限制水位低于溢洪道堰顶高程，则限制水位至溢洪道堰顶高程之间的库容，就能起到蓄洪作用。蓄积在水库的一部分洪水可在枯水期有计划地用于兴利需要。

当溢洪道设有闸门时，水库就能在更大程度上起到蓄洪作用：水库可以通过改变闸门开启度来调节下泄流量的大小。由于有闸门控制，所以这类水库防洪限制水位可以高出溢洪道堰顶，并在泄洪过程中随时调节闸门开启度来控制下泄流量，具有滞洪和蓄洪双重作用。

2. 水库的兴利作用

河流径流具有多变性和不重

拓展阅读

第四届世界水资源论坛概况

第四届世界水资源论坛于 2006 年 3 月 16 日至 22 日在墨西哥首都墨西哥城召开。来自 121 个国家的政府代表和世界各地 13000 多名各界人士与会。这届水资源论坛主题是"采取地方行动，应对全球挑战"。会议通过的《部长声明》认为，水是持续发展和根治贫困的命脉，必须改变当前使用水资源的模式，以保证所有人都能用上洁净水。

复性，在年与年、季与季以及地区之间来水都不同，且变化很大。大多数用水部门（例如灌溉、发电、供水、航运等）都要求比较固定的用水数量和时间，它们的要求经常不能与天然来水情况完全相适应。人们为了解决径流在时间上和空间上的重新分配问题，充分开发利用水资源，使之适应用水部门的要求，往往在江河上修建一些水库工程。水库的兴利作用就是进行径流调节，蓄洪补枯，使天然来水能在时间上和空间上较好地满足用水部门的要求。

◎ 水资源现状

地球表面约 $\frac{3}{4}$ 的面积为海洋所覆盖，但人类可直接利用或有潜力开发的水资源却十分有限。根据第四届水资源论坛公布的数据，全世界水资源总量约 14 亿立方千米，其中只有 2.5% 是可饮用的淡水。在这仅有的淡水资源中，又有超过 $\frac{2}{3}$ 被冻结在南极和北极的冰盖中，或以高山积雪及冰川的形式存在。较易利用的淡水资源仅是江河湖泊和地下水中的一部分，不到全球淡水资源的 0.3%。

2010 年云南旱灾

可开发利用的水资源在全球分布并不平衡。从地域来看，拉丁美洲是水资源最为丰富的地区，水资源约占全球总量的 $\frac{1}{3}$，其次是亚洲，水资源约占全球总量的 $\frac{1}{4}$。欧洲水资源分布极为不均，欧洲大陆 18% 的人口居住在水资源匮乏地区。

尽管水资源是可再生资源，但受世界人口增长、人类对自然资源过度开发、基础设施投入不足等因素的影响，水资源的供应量远远不能满足人类生产和生活的需要。人类生存所必需的基本生活用水面临着短缺、卫生不达标或获取困难等问题。据联合国儿童基金会的一份报告，全球有 8.84 亿人无法获得安全的饮用水，其中亚洲国家约占 50%，撒哈拉以南非洲国家约占 40%。

根据联合国教科文组织 2009 年 3 月 12 日《世界水资源开发报告》指出，人类对水的需求正以每年 640 亿立方米的速度增长，到 2030 年，全球将有 47% 的人口居住在用水高度紧张的地区。一些干旱和半干旱地区的水资源缺乏将对人口流动产生重大影响。

全球每年有近 6 万平方千米的土地变成荒漠。水资源不足会导致卫生条件低下，世界上每天大约有 6000 人因此而丧生。在超过 20% 的陆地上，人类活动已经超出了自然生态系统的负荷。水质也在恶化，近 95% 的工业废水年年被倾倒进江河湖海中。酸雨在很多国家早已不罕见了。如果污染势头得不到遏制，水资源也许会变成不可再生资源。

国际上关于水的争端也层出不穷，包括巴西、巴基斯坦、印度、孟加拉国、尼泊尔等。世界银行副行长萨拉杰丁曾在 1995 年预言，20 世纪的许多战争都是因石油而起，而到 21 世纪，水将成为引发战争的根源。

> **你知道吗**
>
> **联合国教科文组织的职能**
>
> 联合国教科文组织设置了五大职能：①前瞻性研究：明天的世界需要什么样的教育、科学、文化和传播。②知识的发展、传播与交流：主要依靠研究、培训和教学。③制订准则：起草和通过国际文件和法律建议。④知识和技术：以"技术合作"的形式提供给会员国制定发展政策和发展计划。⑤专门化信息的交流。

水　能

◎ 水能概述

水不仅可以直接被人类利用，而且还是能量的载体。太阳能驱动地球上

拓展阅读

太阳与地球能源

　　人类所需能量的绝大部分都直接或间接地来自太阳。各种植物通过光合作用把太阳能转变成化学能在植物体内贮存下来。煤炭、石油、天然气等化石燃料也是由古代埋在地下的动植物经过漫长的地质年代形成的。它们实质上是由古代生物固定下来的太阳能。此外，水能、风能等也都是由太阳能转换来的。

　　水循环，使水在水圈内各组成部分之间不停地运动，产生物理状态的变化以及运动的能量，我们就把水在流动过程中产生的能量称为水能。水能主要产生和存在于河川水流及沿海潮汐中。水流所产生的动力，称为水力。实质上"水能"和"水力"是一样的，只是在不同场合的词语搭配上略有区别。例如在表述广义的能源时，多用水能；而在描述具体的发电应用时，多用水力。

　　水能资源指水的动能、势能和压力能等能量资源，是自由流动的天然河流的出力和能量，称为水力资源。水能资源是一种常规能源。广义的水能资源包括河流水能、潮汐水能、波浪能和洋流能等能量资源；狭义的水能资源指河流的水能资源。河流水能是人类目前最易开发和利用的比较成熟的水能。构成水能资源的最基本条件是水的流量和落差（水从高处降落到低处时的水位差）：流量大，落差大，所包含的能量就大，即蕴藏的水能就丰富。

　　水能蕴藏量居世界前五位的国家：中国、俄罗斯、巴西、美

你知道吗

矿物燃料

　　矿物燃料就是能够燃烧的地下矿产资源。矿物燃料主要是由地质历史时期的某个时候，地球上极为丰富的动物或植物由于自然灾害或者其他原因大量死亡，并被埋在地下，堆积起来，经过长期的地质作用和化学作用而形成的。矿物燃料有三种形式：固态的可燃矿产、气态的可燃矿产和液态的可燃矿产。

国、加拿大。瑞士、法国可开发水能的利用率都已经超过了 95%；意大利、德国水能的利用率在 80% 左右；利用率在 60% ~ 70% 的有日本、挪威、瑞典；利用率在 40% ~60% 的有奥地利、埃及、美国、加拿大等；俄罗斯开发利用率不足 20%；我国水能 60% 以上集中在西南地区，其次是华中和西北地区。我国的水能开发利用率不足 10%，是水能开发潜力巨大的国家。

　　随着矿物燃料的日益减少，水能资源将是非常重要且具有广阔前景的能源。

◎ 水能资源的分布

　　全世界江河的理论水能资源为 48.2 万亿千瓦时/年，技术上可开发的水能资源为 19.3 万亿千瓦时/年。中国的江河水能理论蕴藏量为 6.91 亿千瓦，每年可发电 6 万多亿千瓦时，可开发的水能资源约 3.82 亿千瓦，年发电量为 1.9 万亿千瓦时。虽然水能是清洁的可再生能源，但和全世界能源需要量相比，水能资源仍很有限，即使把全世界的水能资源全部利用，在 20 世纪末也不能满足其需求量的 10%。

基本
小知识

可再生资源与非可再生资源

　　资源可以分为可再生资源和非可再生资源。大部分资源是可再生资源，如可在短时间内更新的土地资源、森林资源，还有能循环利用的水资源。矿藏资源是非可再生资源。它的特征就是更新的速度远远不及人类利用的速度。如石油、煤、天然气和铁矿、铜矿等。

　　我们先来看一下世界水能资源的分布。世界可开发的水能资源约每年 1.27 万亿千瓦时/年，其中有 35% 的水能资源分布在亚洲，亚洲水能资源的 44.8% 分布在中国；有 28.6% 的水能资源集中在中南美洲，中南美洲的水能资源有 33.8% 分布在巴西；欧洲水能资源占 8.7%；非洲水能资源占 9.3%；

大洋洲水能资源只占 1.6% 。

在国土面积较大、水能资源较丰富的国家里，如中国、巴西、俄罗斯、美国、加拿大等都存在着水能资源分布不均的问题，大部分水能资源分布在远离经济中心的边远山区。俄罗斯有 82% 的水能资源分布在地广人稀的亚洲部分，且主要分布在西伯利亚东部地区，远离位于欧洲的经济中心；仅有 18% 的水能资源分布在欧洲，这一地区的人口却占全国的 $\frac{3}{4}$，工农业生产占全国的 $\frac{4}{5}$，水能资源的地理分布与经济发展的要求不相适应。

美国水能资源的 70% 分布在太平洋沿岸和西北部的 5 个州（华盛顿、俄勒冈、加利福尼亚、爱达荷、蒙大拿）以及占水资源 24.6% 的极偏远的阿拉斯加地区，这些地区人口仅占全国的 14% 。东部大西洋沿岸的 17 个州是人口最稠密、经济最发达地区，水资源只占全国的 12% 。

加拿大水能资源 56% 集中在魁北克和不列颠哥伦比亚两省。而且大部分在北部严寒的偏远地区，远离人口密集、经济发达的南部地区。

巴西有 46% 的水能资源分布在荒僻的亚马孙地区，人口仅占全国的 4% 。东南部沿海地区的经济中心，用电量占全国的 70% ，水能资源占全国的 27% 。

接下来我们再来看一下我国水能资源的分布。我国国土辽阔，河流众多，大部分位于温带和亚热带季风气候区，降水量和河流径流量丰沛。地形西部多高山，并有世界上最高的青藏高原，许多河流发源于此；东部则为江河的冲积平原；在高原与平原之间又分布着若干次一级的高原区、盆地区和丘陵区。地势的巨大高差，使大江、大河形成极大的落差，如径流丰沛的长江、黄河等落差均有 4000 多米。因此，我国的水能资源非常丰富。据 1977～1980 年第三次全国性水能资源测算，我国水能资源理论蕴藏量为 6.76 亿千瓦，其中可开发的水能资源为 3.78 亿千瓦，如全部得到开发，所产生的发电量可达 1.92 万亿千瓦时，约占世界可开发水能资源年发电量的 $\frac{1}{5}$，居世界首位。

季风气候

由于海陆热力性质差异或气压带风带随季节移动而引起的大范围地区的盛行风随季节而改变的现象，称季风气候。它的最主要特征是一年中随同季风的旋转，降水发生明显的季节变化。

表一　各地区可开发的水能资源

地区	装机容量（万千瓦）	年发电（亿千瓦时）	年发电量占全国比重（%）
华北	700	230	1.2
东北	1200	380	2.0
华东	1800	690	3.6
华中	6700	2970	15.5
西南	23200	13050	67.8
西北	4200	1910	9.9
全国	37800	19230	100

由表一可以看出，我国水能资源在地区分布上很不均匀，水能资源大部分集中在西南地区，华中和西北为次，华北、东北和华东地区所占比例很小。

表二　各水系可开发的水能资源

水系	装机容量（万千瓦）	年发电（亿千瓦时）	年发电量占全国比重（%）
全国	37852	19235	100.0
长江	19724	10275	53.4
黄河	2800	1170	6.1

（续表）

珠江	2485	1125	5.8
海河、滦河	213	52	0.3
淮河	66	19	0.1
东北诸河	1371	439	2.3
东南沿海诸河	1390	547	2.9
西南沿海诸河	3768	2099	10.9
雅鲁藏布江及西藏其他河流	5038	2969	15.4
北方内陆及新疆诸河	997	539	2.8

从各水系可开发的水能资源的分布看，长江是我国水能资源最丰富的水系，其水能资源主要分布在干流中、上游及乌江、雅砻江、大渡河、汉水、资水、沅江、湘江、赣江、清江等众多支流上。

◎ 水能资源的特点

水能资源最显著的特点是可再生、无污染。开发水能对江河的综合治理和利用具有积极的作用，对促进国民经济发展，改善能源消费结构，缓解由于煤炭、石油资源消耗所带来的环境污染均有重要意义，因此世界各国都把开发水能放在能源发展战略的优先地位。

我国水能资源主要有 3 大特点。

（1）资源总量十分丰富，但人均资源量并不富裕，且开发利用率低。我国水能资源占世界总量的 16.7%，居世界之首，但是

你知道吗

干　流

在一个水系中，直接流入海洋或内陆湖泊或消失于荒漠的河流叫作干流。流入干流的河流叫作一级支流，流入一级支流的河流叫作二级支流，其余依此类推。

目前我国水能开发利用量约占可开发量的 $\frac{1}{4}$，低于发达国达 60% 的平均水平。

以电量计，我国可开发的水电资源约占世界总量的 15%，但人均资源量只有世界均值的 70% 左右，并不富裕。到 2050 年左右中国达到中等发达国家水平时，如果人均装机从现有的 0.252 千瓦加到 1 千瓦，总装机约为 15 亿千瓦，即使 6.76 亿千瓦的水能蕴藏量开发完毕，水电装机也只占总装机的 30%~40%。水电的比例虽然不高，但是作为电网不可或缺的调峰、调频和紧急事故备用的主力电源，水电是保证电力系统安全、优质供电的重要而灵活的工具，因此重要性远高于 30%~40%。

（2）水电资源分布不均衡，与经济发展的现状极不匹配。我国水力资源西部多、东部少，相对集中在西南地区，而经济发达、能源需求大的东部地区水能资源极少。

从河流看，我国水电资源主要集中在长江、黄河的中上游，雅鲁藏布江的中下游，珠江、澜沧江、怒江和黑龙江上游，这 7 条江河可开发的大、中型水电资源都在 1000 万千瓦以上，总量约占全国大、中型水电资源量的 90%。全国大中型水电 100 万千瓦以上的河流共 18 条，水电资源约为 4.26 亿千瓦，约占全国大、中型资源量的 97%。另一方面，水能资源主要集中于大江、大河，有利于集中开发和往外输送。

按行政区划分，我国水电主要集中在经济发展相对滞后的西部地区。西南、西北 11 个省区，包括云、川、藏、黔、桂、渝、陕、甘、宁、青、新，水电资源约 4.07 亿千瓦，占全国水电资源量的 78%，其中云、川、藏三省区共 2.9473 亿千瓦，占 57%。而经济相对发达、人口相对集中的东部沿海 11 个省份，包括辽、京、津、冀、鲁、苏、浙、沪、粤、闽、琼，水电资源仅占 6%。改革开放以来，沿海地区经济高速发展，电力负荷增长很快，目前东部沿海 11 省份的用电量已占全国的 51%。这一态势在相当长的时间内难以逆转。为满足东部经济发展和加快西部开发的需要，加大西部水电开发力度和加快"西电东送"工程步伐已经进行了国家层面的部署。

（3）大多数河流年内、年际流量分布不均，汛期和枯期差距大。中国是世界上季风气候最显著的国家之一，冬季多受北部西伯利亚和蒙古高原的干冷气流控制，干旱少水；夏季则受东南太平洋和印度洋的暖湿气流控制，高温多雨。受季风影响，降水时间和降水量在年内高度集中，一般雨季 2~4 个月的降水量能达到全年的 60%~80%。降水量年际间的变化也很大，年径流最大与最小比值，长江、珠江、松花江为 2~3 倍，淮河达 15 倍，海河更达 20 倍之多。这些不利的自然条件，要求我们在水电规划和建设中必须考虑年内和年际的水量调节，根据情况优先建设具有年调节和多年调节水库的水电站，以提高水电的供电质量，保证系统的整体效益。

最新综合评估显示，我国水能资源理论蕴藏量近 7 亿千瓦，占常规能源资源量的 40%。其中，经济可开发容量近 4 亿千瓦，年发电量约 1.7 亿千瓦时，是世界上水能资源总量最多的国家。

◎ 水能资源的优点和不足

水能资源的优点首先表现为清洁、可再生；其次是水电站投产后，发电成本低、综合收益大，与煤炭、石油等其他常规能源相比，水能资源独具特色，具有以下优点：

（1）水能没有污染，是一种干净的能源。

（2）水能是可以再生的能源，能年复一年地循环使用，而煤炭、石油、天然气都是消耗性的能源，随着逐年开采量的增加，剩余的就越来越少，甚至可能会枯竭。

（3）水能用的是不花钱的燃料，发电成本低，综合收益大。大、中型水电站一般 3~5 年就可收回全部投资成本。

另一方面，水能作为一种常规能源，也具有自身的不足：

（1）水能分布受水文、气候、地貌等自然条件的限制大。水也容易受到污染。

（2）筑坝拦水导致农田淹没、居民迁移等。

（3）基础建设投资大，搬迁任务重，工期长。

◎ 水位与水位差

　　水位指水体的自由水面高出某一基面以上的高程。高程起算的固定零点称为基面。表达水位的基面通常有 2 种：①绝对基面；②测站基面。

　　绝对基面一般是以某一海滨地点的特征海水面为准，这个特征海水面的高程定为 0.000 米。目前我国使用绝对基面的有大连、大沽、黄海、废黄河口、吴淞以及珠江等。若将水文测站的基本水准点与国家水准网所设的水准点接测后，则该站的水准点高程就可以根据引据水准点用某一绝对基面以上的高程数来表示。大地水准面是平均海水面及其在全球延伸的水准面，在理论上讲，它是一个连续的闭合曲面。但在实际中无法获得这样一个全球统一的大地水准面，各国只能以某一海滨地点的特征海水位为准，这样的基准面也称绝对基面。中国目前采用的绝对基面是黄海基面，是以黄海口某一海滨地点的特征海水面为零点的。

　　测站基面是假定基面的一种，它适用于通航的河道上，一般将其确定在测站河库最低点以下 0.5～1 米的水面上，对水深较大的河流，可选在历年最低水位以下 0.5～1 米的水面作为测站基面。同样，当与国家水准点接测后，即可算出测站基面与绝对基面的高差，从而可将测站基面表示的水位换算成以绝对基面表示的水位。用测站基面表示的水位，可直接反映航道水深，但在冲淤河流，测站基面位置很难确定，而且不便于同一河流上下游站的水位进行比较，这也是使用测站基面时应注意的问题。使用测站基面的优点是水位数字比较简单（一般不超过 10 米）。

水位除了绝对基面、测站基面外，还有假定基面、冻结基面。

若水文测站附近没有国家水准网，其水准点高程暂时无法与全流域统一引据的某一绝对基面高程相连接，可以暂时假定一个水准基面，作为本站水位或高程起算的基准面。

冻结基面也是水文测站专用的一种固定基面。一般是将测站第一次使用的基面固定下来，作为冻结基面。使用冻结基面的优点是使测站的水位资料与历史资料相连续。

水位随时间变化的曲线称水位过程线。它是以时间为横坐标，水位为纵坐标点绘的曲线，按需要可以绘制日、月、年、多年等不同时段的水位过程线。水位变化也可用水位历时曲线标示，历时是指一年中等于和大于某一水位出现的次数之和，制图时将一年内逐日平均水位按递减次序排列，并将水位分成若干等级，分别统计各级水位发生的次数，再由高水位至低水位依次计算各级水位历时曲线。根据该曲线可以查得一年中等于和大于某一水位的总天数（即历时），这对航运、桥梁等的设计和运用均有重要意义。水位历时曲线常与水位过程线绘在一起，通常在水位过程线图上也标出最高水位、平均水位、最低水位等特征以供生产、科研应用。

影响水位变化的主要因素是水量的增减。以雨水补给为主的河流，水位随降水的季节变化而升降。降水多的季节水位高，为洪水（汛）期；降水少的季节水位低，为枯水期。季风气候区、地中海气候区、温带大陆性气候和热带草原气候区的河流，水位季节变化明显；而热带雨林气候区和温带海洋性气候区的河流，水位则相对平稳。以冰雪融水补给为主的河流，水位随气温的变化而升降，夏季气温高，融水量大，为洪水期；冬季气温低，融水量小，为枯水期。温带和寒带地区的春季，季节性积雪消融，水位上升，称为春汛。以地下水和湖沼水补给为主的河流，因其补给稳定，水位的季节变化小。

水位的变化主要取决于水体自身水量的变化，约束水体条件的改变，以及水体受干扰的影响等因素。在水体自身水量的变化方面，江河、渠道来水量的变化，水库、湖泊引入和引出水量的变化，蒸发、渗漏等使总水量发生变化，使水位发生相应的涨落变化。

广角镜

我国的春汛状况

在中国北方的绝大部分地区，春汛是灌溉农田的最宝贵的水源。冬天积雪的多少，融雪后形成的春汛的大小和迟早，都与北方地区的农牧业生产密切相关。总的来说，中国的季节积雪是偏少的，属于少雪的国家，因而许多地方不是担心春汛过大，而是苦于春汛不足，发生春旱现象。

在约束水体条件的改变方面，河道的冲淤和水库、湖泊的淤积，改变了河、湖、水库底部的平均高程；闸门的开启与关闭引起水位的变化；河道内水生植物生长、死亡使河道糙率发生变化导致水位变化。另外，还有些特殊情况，如堤防的溃决，洪水的分洪，以及北方河流结冰、冰塞、冰坝的产生与消亡，河流的封冻与开河等，都会导致水位的急剧变化。

水体的相互干扰影响也会使水位发生变化，如河口汇流处的水流之间会发生相互顶托，水库蓄水产生回水影响，使水库末端的水位抬升，潮汐、风浪的干扰同样影响水位的变化。

基本小知识

冰　塞

冰塞是指在冰盖下面，因大量冰花结积，堵塞了部分过水断面，造成上游水位壅高的现象。

无论水位怎么变化，总会遵循一个规律，即水位越高，水量越大，水所具有的重力势能也就越大。

广角镜

岭南区域的历史变迁

岭南，指中国南方的五岭之南的地区，相当于现在广东、广西、海南全境，以及湖南、江西等省的部分地区。历史上，岭南也包括曾属中国统治的越南红河三角洲一带。由于行政区划的变动，现在提及"岭南"一词时，特指广东、广西和海南三省区，江西和湖南部分位于五岭以南的县市并不包括在内。

水位差即平时我们所说的水的落差，水的落差越大，水能也就越大。而水位差所具有的能量是一种机械能，这种能我们可以用来发电。

世界上最早解决水位差问题的设施是中国在公元前221年修筑的灵渠。灵渠的修筑，从秦始皇28年即公元前219年，向岭南进兵开始，直到秦始皇33年即公元前214年结束，前后用了四五年的时间，动用军队和民工数百万。当年参加建秦城、建灵渠的军队兵卒，本地人称之为"陡军"，意为建设秦城和灵渠、修筑"陡门"的军队。"陡军"中的大部分人屯兵戍关，留在了当地，娶妻生子，繁衍生息。在灵渠2000多年的通航史中，陡门的作用不可低估。灵渠的陡门启闭非常灵活，节省人力，维修方便，在当时是一种非常先进的蓄水漕运方法。

在国外，最早的船闸直到1375年才在欧洲的荷兰出现，此时的我国已经是明朝时期。我国古代劳动人民发明的这种利用船闸的行船技术，一直沿用到现代。全世界的江河湖海航运，包括在19世纪末开建、20世纪初建成的巴拿马运河，以及我国今天的长江葛洲坝、三峡大坝，都是采用这种"斗闸"的方法解决水位差问题以使船舶通航的。

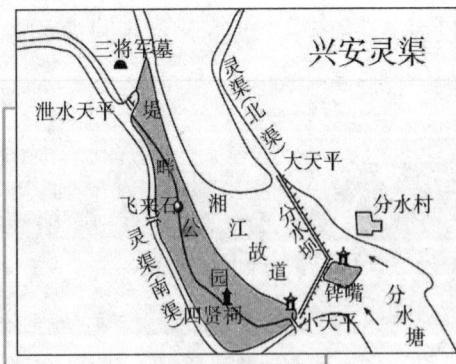

兴安灵渠

灵渠

知识小链接

电动闸门

　　电动闸门是装于溢洪坝、岸边溢洪道、泄水孔、水工隧洞和水闸等建筑物的空口上，用以调节流量，控制上、下游水位，宣泄洪水，排除泥沙或漂浮物等，是水工建筑物的重要组成部分。在水闸工程中，闸门是主体部分，常占挡水面积的大部分。闸门又分为平板闸门和弧形闸门。

　　陡门是历史上最早的船闸，不仅是现代电动闸门的鼻祖，也是世界船闸史上最早的船闸雏形，被人们称为"世界船闸之父"。

丰富的水能资源

◎ 大洋与洋流

1. 太平洋

　　太平洋是世界上第一大洋，位于亚洲、大洋洲、南极洲、拉丁美洲和北美洲大陆之间，南北长约 1.59 万千米，东西最宽处约 1.99 万千米。西南以塔斯马尼亚岛东南角至南极大陆的经线与印度洋分界，东南以通过拉丁美洲南端合恩角的经线与大西洋分界，北部经狭窄的白令海峡与北冰洋相接，东经巴拿马运河和麦哲伦海峡、德雷克海峡与大西洋沟通，西经马六甲海峡、巽他海峡通往印度洋。

麦哲伦海峡

太平洋的面积约1.8亿平方千米，占地球表面总面积的35.2%，比陆地总面积还大，占世界海洋总面积的一半，水体体积约7.2亿平方千米，平均深度超过4000米，最深的马里亚纳海沟深达11034米。

太平洋是世界上岛屿最多的大洋，海岛面积有440多万平方千米，约占世界岛屿总面积的45%。横亘在太平洋和印度洋之间的马来群岛，东西延展约4500千米；纵列于亚洲大陆东部边缘海与太平洋之间的阿留申群岛、千岛群岛、日本群岛、琉球群岛、台湾岛和菲律宾群岛，南北伸展约9500千米，把太平洋西部的浅水区分割成数十个边缘海。

趣味点击

合恩角的发现

1520年11月，麦哲伦的船队沿着南美洲大陆东岸南下，来到了一个荒岛礁石成群的地方。这一带水域风大浪高，船只在"羊肠小道"中艰难地航行着，最后总算通过海峡。后人把这个海峡命名为"麦哲伦海峡"。麦哲伦穿过海峡的时候，看到南侧的岛屿上到处有印第安人燃烧的篝火，便给这个岛屿起名叫"火地岛"。合恩角就处在火地岛的南端。在南极大陆未被发现以前，这里被看作是世界陆地的最南端。

太平洋底的大海沟，呈圆环形分布在四周浅海和深水洋盆的交界处，是火山和地震活动频繁的地域。太平洋海域的活火山多达360座，占世界活火山总数的85%；地震次数占全球地震总数的80%。太平洋是世界上珊瑚礁最多、分布最广的海洋，在北纬30°到南回归线之间的浅海海域随处可见。

太平洋的气温随纬度增高而递减，南、北太平洋最冷月的气温，从回归线到极地为20℃～16℃，中太平洋常年保持在25℃左右。西太平洋多台风，以发源于菲律宾以东、加罗林群岛附近洋面上的最为剧烈。每年台风发生次数为23～37次，最小半径80千米，最大风力超过十二级。

太平洋的年平均降水量一般为1000～2000毫米。降水最大的海域是在哥伦比亚、智利的南部和阿拉斯加沿海以及加罗林群岛的东南部、马绍尔群岛南部、美拉尼西亚北部诸岛，可达3000～5000毫米。秘鲁南部和智利北部沿海、加拉帕戈斯群岛附近则不足100毫米，是太平洋降水最少的海域。

马绍尔群岛风光

太平洋的雨季，赤道以北为7～10月。南、北纬40°以南、以北海域常有海雾，尤以日本海、鄂霍次克海和白令海为最甚，每年的雾日约有70个。

太平洋也是地球上水温最高的大洋，年平均洋面水温为19℃；平均水温高于20℃的海域占50%以上，有四分之一海域温度超过25℃。由于水温、风带和地球自转的影响，太平洋内部有自己的洋流系统，这些"大洋中的河流"沿着一定的方向缓缓流动，对其流经地区的气候和生物具有明显的影响。

太平洋中最著名的洋流有千岛寒流、加利福尼亚寒流、秘鲁寒流、中国寒流和日本暖流等。太平洋以南、北回归线为界，分称为南、中、北太平洋（也有以东经160°为界，分为东西太平洋；或以赤道为界，分为南、北太平洋）。

千岛寒流又称亲潮，北太平洋西北部寒流。源于白令海区，自堪察加半岛沿千岛群岛南下，在北纬40°附近，日本本州岛东北海域，与日本暖流相遇，并入东流的北太平洋暖流。亲潮主干流速在每秒1米以下，表面水温低、水色浅、透明度小。寒流密度较大，潜入暖流水层之下。在其前缘与日本暖流之间形成"潮境"，鱼类饵料极其丰富，成为世界著名渔场。

日本暖流又叫"黑潮"，是太平洋地区最强的海流，因水色深蓝，看起来似黑色而得名。相对于它所流经的海域来讲，它又具有高温、高盐的特征，故有日本暖流之称。

日本暖流起源于台湾东南、巴布延群岛以东海域，是北赤道流向北的一个分支的延伸。主流沿台湾东岸北上，进入东海，然后沿东海大陆架边缘与大陆坡毗连区域流向东北，至奄美大岛以西约北纬29°、东经128°附近开始分支，主流折向东，经吐噶喇和大隅海峡离开东海返回太平洋，沿日本南岸向东北至北纬35°附近。

知识小链接

大陆架

大陆架是大陆向海洋的自然延伸，通常被认为是陆地的一部分，又叫"陆棚"或"大陆浅滩"。它是指环绕大陆的浅海地带。大陆架含义在国际法上，指邻接一国海岸但在领海以外的一定区域的海床和底土。沿岸国有权为勘探和开发自然资源的目的对其大陆架行使主权权利。

进入东海的日本暖流有若干分支。按传统说法，奄美大岛以西沿九州西岸北上的一支称对马暖流。约在五岛列岛以南又分两股：主流向东北通过朝鲜海峡流入日本海；西分支又在济州岛南进入南黄海，构成黄海暖流。

日本暖流主干在钓鱼岛附近有一小股指向西北，朝浙江近海流动，抵达舟山群岛外折向东，与黄海南伸的冷水混合变性，这支海流叫台湾暖流。

日本暖流在台湾东南海域分为两支。主流向北。另一支向西北进入巴士、巴林塘海峡（日本暖流西分支），然后在台湾以南又分两支：较大的一支向西南流入南海，构成南海冬季环流的一部分；另一小支汇入台湾海峡，沿海峡东侧北上。

日本暖流以流速强、流幅窄和厚度大而著称。进入东海后，流速有所减弱；至北纬26°、东经126°附近，流速又复增。

在流速断面上，日本暖流常有两个向北或东北的流核，中间隔着一个反向的流核，较强的流核位于靠近海岸一侧，表明大洋环流向西岸强化的特征。在冲绳、奄美附近，因与地形摩擦，使日本暖流主干右侧经常发生逆流现象。

逆流流速不大，约 0.3~0.5 节；厚度较浅，平均流量只有主流的 $\frac{1}{5}$ 左右。

日本暖流的流幅较窄，平均不到 100 海里，2 节以上的强流带也不过 25 海里。日本暖流的厚度大约 800 米，自上而下可分为 4 个水层：表层水、次表层水、中层水和深层水。

日本暖流在东海的平均流量约 35×106 立方米/秒，相当于长江径流的 1000 倍，即长江一年所输送的径流量，日本暖流只要 8 个小时就输送完毕。可见黑潮的流量是何等巨大！

日本暖流虽是一支稳定的强大海流，但流速、流量和流幅都有明显的变化，流轴也有摆动和弯曲。从时间上讲，有长、中、短各种周期；从空间上看，有中、小尺度的变化。如台湾以东，日本暖流向北的流量和流速存在着半年周期，最大值（流速为 120 厘米/秒）发生在春、秋，最小值（流速为 50 厘米/秒）出现在冬、夏。此外，日本暖流两侧还有几处冷涡和暖涡出现。

对马暖流，其流量为 $2 \times 106 ~ 4 \times 106$ 立方米/秒，流幅夏季稍宽，冬季较窄。它在北上流入日本海的过程中，随着深度变浅而厚度也变薄，在海峡处可达海底；而在九州以西冬季达 200~300 米，夏季仅 50~100 米。

对马岛横立于海峡中，把海峡中的对马暖流分隔为东、西两支。西支势力较强，流幅窄，厚度深而流速强。流量占流入朝鲜海峡总流量的 70%。东支势力较弱，厚度浅，流幅较宽，流速小。流量占朝鲜海峡总流量的 30%。

传统看法认为，对马暖流与日本暖流的分叉点约在北纬 28°30′~29°30′、东经 128°~129°范围。流轴位置每年不一，有时差异很大，大致有两种情形：一是自黑潮分出后，直接北上流入朝鲜海峡；二是自日本暖流分出后，先指向九州方向，再转向西北，最后折向东北进入朝鲜海峡。当黄海水团向南扩展时，对马暖流的路径偏西且平直；当黄海水团向东伸展时，其路径偏东多弯曲。

海　峡

　　海峡是指两块陆地之间连接两个海或洋的较狭窄的水道。它一般深度较大，水流较急。海峡的地理位置特别重要，不仅是交通要道、航运枢纽，而且历来是兵家必争之地。因此，人们常把它称之为"海上走廊"、"黄金水道"。据统计，全世界共有海峡1000多个，其中适宜于航行的海峡有130多个，交通较繁忙或较重要的只有40多个。

　　对马暖流除流速具有夏强冬弱的年周期外，还有7～9年的长周期变化。近期，有人对对马暖流的来源问题提出了新的见解，认为不能简单地解释为日本暖流的分支，而应把它看作为日本暖流水与大陆沿岸水在东海中部相遇时所形成的混合水的一支洋流。

　　黄海暖流，为对马暖流在东南向西伸入黄海的一个分支，大致沿"黄海槽"北上。在向北流动过程中，因受沿岸水文气象因素的影响逐渐变性，暖流的特性也随着进入黄海的距离增大而减弱。因黄、渤海是强潮流区，相比之下，洋流很弱，以潮流为主，洋流流速只及潮流的$\frac{1}{10}$左右，所以，洋流常被潮流掩盖而不易辨别。但在温度和盐度分布上，特别是冬季，明显地存在着高温、高盐水舌，从南黄海一直伸到渤海。夏季，因黄海深层冷水盘踞在黄海深处，阻碍了暖流的北上，使这支洋流可能仅限于表层。

　　也有人认为，夏季不存在这一支洋流。按传统的概念，暖流抵达北纬35°附近，向左侧分出一小股，与南下的沿岸流构成一个逆时针的小环流。主流继续北上，在成山角以东又分出一小股往东，汇入西朝鲜沿岸流南下。进入北黄海的暖流余脉，主要向西从渤海海峡北部进入渤海，此时，势力已非常微弱。当它抵达渤海西部时，受陆地阻挡而分为两小股，一股向东北入辽东湾，另一股往南入渤海湾。

　　渤海的环流由两部分组成。南部终年为一个左旋环流，系由北面的暖流余脉与南面的鲁北沿岸洋流构成。辽东湾的环流随季风更替。冬季偏北季风把辽河入海的径流吹向辽东湾东岸并南下，与北上的暖流余脉构成一个顺时针环流；夏季偏南季风又把辽河淡水推向辽东湾西岸，暖流余脉沿该湾东岸北上，构成一个逆时针环流。

黄海暖流的季节变化为冬强夏弱，这除了与黄海冷水团有关外，还与对马暖流通过朝鲜海峡的流速、流量有关。当朝鲜海峡处流速减弱时，黄海暖流就加强；反之，则减弱。黄海暖流的流向比较稳定，终年偏北，大致沿高盐水舌轴线方向流动。

台湾暖流，指出现在长江口以南和浙闽近海，终年具有高温、高盐特征的洋流。它自日本暖流主干在台湾东北海域分出后，沿东海大陆架底坡北上，沿途受海底地形影响，流速逐渐减弱。

台湾暖流除表面易受季风影响外，中、下层的流向比较稳定，终年向北。其前锋在长江口外与南下的沿岸水混合，然后折向东北，其中一部分海水汇入对马暖流，另一部分汇入黄海暖流。

夏季西南季风盛行时，迫使海水离岸输送，这时台湾暖流与沿岸洋流同向，两者汇成一片，流幅宽而势力强，几乎遍及东海西部的浅水区。冬季东北风盛行时，迫使海水向岸输送，暖流方向与沿岸流方向相反，此时台湾暖流势力减弱，流幅变窄，浙江近海的暖流和沿岸洋流之间形成明显的锋面，锋面以西为沿岸洋流南下，以东为暖流北上。

秘鲁寒流，是一支补偿流，是寒流中最强大的一支，是一个低盐度的洋流。它沿南美洲西岸从智利南端延伸至秘鲁北部，由南极方向向赤道方向流动，在北端可延伸至离岸 1000 千米，其影响甚至可达科隆群岛。

秘鲁寒流始于南纬 45° 左右的西风流，贴近南美洲西海岸经智利、秘鲁、厄瓜多尔等国北流直到赤道海域的加拉帕戈斯群岛附近，洋流长 3700～5500 千米，宽 370 千米以上，流速平均每小时 0.9 千米。

秘鲁寒流在向北流动的过程中，由于受地转偏向力影响，加以沿岸盛行南风和东南风，表层海水向西偏离海岸，使平均每秒 100 米的中层冷水上泛到海面。海水温度很低，年平均水温一般为 14℃ ~ 16℃，比周围气温低 7℃ ~ 10℃，使近海岸洋面云雾多，日照弱。

秘鲁寒流是导致智利北部、秘鲁沿海地区和厄瓜多尔南部干旱的重要原因：向岸风被寒流冷却，不能形成降水。

秘鲁寒流大海洋生态系统是世界上重要的上升流系统之一，拥有大量海洋生物，全世界每年渔业捕捞量的 18% ~ 20% 来自该生态系统。由于海水上泛带来了大量的硝酸盐、磷酸盐等营养物质，促使浮游生物大量繁殖，为鱼类提供了丰富饵料，因此秘鲁沿岸成为世界著名渔场之一——秘鲁渔场。

广角镜

秘鲁渔场

秘鲁渔场位于太平洋东南部的秘鲁沿岸。流经秘鲁沿岸的秘鲁寒流在东南信风和南风的吹拂，以及地球自转偏向力的影响下，形成表层海水的离岸流，下层海水携带硝酸盐、磷酸盐类营养物质上涌，浮游生物丰富，利于鱼类繁殖。渔场中盛产冷水性鱼类，有鳀鱼（沙丁鱼）、鲣、鳕等，其中鳀鱼产量居世界前列。每年仅秘鲁捕鱼量就可达 1000 多万吨，其中 98% 是鳀鱼。秘鲁渔场是世界上著名大渔场之一。

北赤道暖流，或称为北赤道洋流，在北纬 10° ~ 20° 由东向西流。北赤道暖流为亚热带环流的南部组成部分。虽然其名为北赤道暖流，但北赤道暖流并不与赤道有连接。

2. 大西洋

大西洋是世界上第二大洋，是被南美洲、北美洲、欧洲、非洲和南极洲包围的大洋。

大西洋总面积为 9337 万平方千米，约为太平洋面积的一半，占海洋总面积的 $\frac{1}{4}$，平均水深约 3627 米，波多黎各海沟最深，约 8742 米。由于大西洋底的海岭都被淹没在水面以下 3000 多米，所以突出洋面形成岛屿的山脊不多，大多数岛屿集中分布在东部加勒比海西北部海域。

大西洋的气温全年变化不大，赤道地区气温年较差不到 1℃，亚热带纬度区气温年较差约为 5℃，在北纬和南纬 60° 地区气温年较差为 10℃，只在其西北部和北极南部气温年较差才超过25℃。大西洋的北部刮东北信风，南部刮东南信风。温带纬度区地处寒暖流交接的过渡地带和西风带，风力最大，在北纬40°~60°冬季多暴风，南半球的这一纬度区则全年都有暴风活动。在北半球的热带纬度区，5~10月经常出现飓风，由热带海洋中部吹向西印度群岛风力达到最大，然后吹往纽芬兰岛风力逐渐减小。

你知道吗

飓风

　　大西洋和北印度洋地区将强大而深厚（最大风速达32.7米/秒，风力为12级以上）的热带气旋称为飓风。它也泛指狂风和任何热带气旋以及风力达12级的任何大风。飓风中心有一个风眼，风眼愈小，破坏力愈大。

　　大西洋的降水量，高纬度区为500~1000毫米，中纬度区大部分为1000~1500毫米，亚热带和热带纬度区从东向西为100~1000毫米，赤道地区超过2000毫米。夏季在纽芬兰岛沿海，拉普拉塔河口附近、南纬40°~49°海域常有海雾；冬季在欧洲大西洋沿岸，特别是在泰晤士河口多海雾；非洲西南海岸全年都有海雾。大西洋表面水温为16.9℃，比太平洋和印度洋都低，但其赤道处海域的水温仍高达25℃~27℃。夏季南、北大西洋的浮冰可抵达南、北纬40°左右。大西洋的平均盐度为35.4‰，亚热带纬度区最高，可达37.3‰。

　　大西洋洋流南北各成一个环流，北部环流由赤道暖流、墨西哥湾暖流和加纳利寒流组成。南部环流由南赤道暖流、巴西暖流、西风漂流、本格拉寒流组成。在南北两大环流之间为赤道逆流，流向自西而东，流至几内亚湾为几内亚湾暖流。

　　墨西哥湾暖流，世界大洋中的著

泰晤士河

名暖流。北大西洋副热带总环流系统中的西部边界强流。由北赤道暖流和圭亚那暖流汇聚于加勒比海和墨西哥湾后，经佛罗里达海峡流出，称佛罗里达暖流。它与东南来的安的列斯暖流汇合后称墨西哥湾暖流，沿北美大陆架北上，在美国东海岸的哈特勒斯角附近偏向东北方向流，在北纬45°的纽芬兰浅滩外缘，因受盛行西风影响而折向东流，并在西经40°附近改称北大西洋暖流。

广义的墨西哥湾暖流指从墨西哥湾开始，沿北美洲东岸北上，再向东横贯大西洋至欧洲西北沿岸，最后穿过挪威海进入北冰洋的暖流系统。

墨西哥湾暖流规模十分巨大，它宽100多千米，深约700米，总流量每秒7400万~9300万立方米，流动速度最快时每小时9.5千米，200米深处流动速度约每小时4000米。总流量相当于所有河流径流量的40倍。

墨西哥湾暖流水温很高，特别是冬季，比周围的海水高出8℃。刚出海湾时，水温高达27℃~28℃。它散发的热量相当于北大西洋所获得的太阳光热的$\frac{1}{5}$。它像一条巨大的、永不停息的暖水管，携带着巨大的热量，温暖了所有经过该地区的空气，并在西风的吹送下，将热量传送到西欧和北欧沿海地区，使那里成为暖湿的海洋性气候。

巴西暖流，属于南半球的副热带大洋环流。它的方向为逆时针，是大西洋南赤道暖流的向南分支。它沿巴西海岸向西南流动，约在南纬40°附近，与西风漂流汇合。流速为0.3~0.5米/秒。

西风漂流，是在盛行西风吹送下所形成的洋流。自西向东流动。在北半球为北大西洋暖流和北太平洋暖流。在南半球，各大洋西风漂流连在一起，形成横亘太平洋、大西洋、印度洋环绕全球的洋流。

西风漂流是地球上最大的、势力最强的寒流。它的范围在南纬40°~60°，是全球性的，经过太平洋、大西洋和印度洋。由于位置靠近南极大陆，所以海水温度低。至于为什么叫西风漂流，是因为在这个纬度上常年盛行西风。西风漂流的方向也是由西向东的。

本格拉寒流是南大西洋东部的寒流，由西风漂流在非洲西岸转向而形成。它沿非洲西岸从南向北流，约在南纬5°附近，经安哥拉西岸本格拉港继续北上，汇入南赤道暖流。流速为0.3~0.5米/秒。

本格拉寒流是一种低气压的寒流，压迫着海面，让海水蒸发得太慢，也让空气中的湿气流动得太慢，所以无法吹到陆地上去，才形成了世界上只有纳米比亚才能出现的唯一特别的现象，一边是海水，一边是沙漠。

南部非洲在国际航运和战略上的重要意义不言而喻，而本格拉寒流又给这一地区的重要性增添了浓重的几笔，其中包括生物多样性。

由于本身水温较低，本格拉寒流在流经的海域会引发表层寒冷海水和底层温暖海水之间的搅动，再加上盛行的南风和西南风影响，使得海水盐度较低，水中浮游生物大量繁殖，形成了优良渔场。南部非洲地区一向以盛产

广角镜

纳米比亚地理和气候特征

纳米比亚在非洲南部西岸，北与安哥拉、赞比亚接壤，东、南分别邻博茨瓦纳和南非，西濒大西洋。沿海有狭长平原。内陆属高原、山地。西部沿海一带为沙漠性平原。该地主要属于干燥的亚热带气候，年降水量自西南往东北从10毫米增至700毫米。南部多沙漠，北部多草原。常年有水的河流极少。大部分地区属亚热带、半沙漠性气候。

鳕鱼、凤尾鱼和金枪鱼等鱼类以及龙虾等海洋生物而著称。在安哥拉、纳米比亚和南非，渔业已成为了当地的经济支柱之一。

除此之外，本格拉寒流中的沉积物还成为了原油、天然气、矿物质，特别是钻石形成的温床。

3. 印度洋

印度洋为世界上第三大洋，它位于亚洲、非洲、大洋洲和南极洲之间。印度洋北临亚洲，东濒大洋洲，西南以通过南非厄加勒斯角的经线与大西洋分界，东南以通过塔斯马尼亚岛至南极大陆的经线与太平洋相邻，面积约7491万平方千米，平均水深约3897米。

印度洋的水域大部分位于热带地区，赤道和南回归线穿过其北部和中部海区。夏季气温普遍较高，冬季只在南纬50°以南气温才降至零下，水面温度平均在20℃～26℃。在印度洋热带的沿海地区，多珊瑚礁和珊瑚岛。

印度洋的海水盐度为世界最高，其中红海含盐量达到41‰左右，苏伊士湾甚至高达43‰；阿拉伯海的盐度也达36‰；孟加拉湾的盐度低些，为30‰～34‰。

印度洋北部是全球季风最强烈的地区之一，在南半球西风带中的南纬40°～60°和阿拉伯海的西部常有暴风，在热带纬度区有飓风。

印度洋降水最丰富的地带是赤道纬度区、阿拉伯海与孟加拉湾的东部沿海地区，年平均降水量在2000～3000毫米以上；阿拉伯海西岸地区降水最少，仅有100毫米左右；南部的大部分地区，年平均降水量在1000毫米左右。

印度洋因受亚洲南部季风的影响，其赤道以北洋流的流向，随着季风方向的改变而改变，称为季风洋流。在冬季刮东北风时，洋流呈逆时针方向往西流动；在夏季刮西南风时，洋流呈顺时针方向往东流动。

地处南半球的印度洋，其洋流状况大致与太平洋和大西洋相同，由南赤道暖流、马达加斯加暖流、西风漂流和西澳大利亚寒流等组成一个独立的逆时针环流系统。印度洋的海上浮冰界限，8～9月到达最北界，大约在南纬55°；2～3月退回到南纬65°～68°的最南线。南极冰山一般可以漂到南纬40°，而在印度洋的西部地区，有时也能漂到南纬35°。

赤道逆流为一个在太平洋和印度洋的显著洋流，在北纬5°由西向东流。赤道逆流源于在各个海洋的北赤道洋流和南赤道洋流的水流平衡。

南赤道洋流，或称为南赤道暖流，为一个显著的大西洋、太平洋及印度洋的洋流，在赤道至南纬20°间由东向西流。南赤道洋流在大西洋和太平洋向北延伸至北纬5°。

4. 北冰洋

北冰洋是世界上最小的大洋，位于北极圈内，被亚洲、欧洲、北美洲所环抱，面积只有1310万平方千米，平均水深1200米。在亚洲和北美洲之间有白令海峡通往太平洋，在欧洲与北美洲之间以冰岛－法罗海槛和汤姆孙海岭（冰岛与英国之间）与大西洋分界，有丹麦海峡和北美洲东北部的史密斯海峡与大西洋沟通。

北冰洋周围的国家和地区有俄罗斯、挪威、冰岛、格陵兰岛（丹麦）、加拿大和美国。北冰洋的寒季由11月至次年的4月，长达6个月，最冷月（1月）的平均气温为零下20℃~40℃。7、8两个月是暖季，平均气温也多在8℃以下。

北冰洋的年平均降水量仅75~200毫米，格陵兰海可达500毫米左右。暖季，北冰洋的北欧海区多海雾，有些地区每天都有雾，有时持续数昼夜。寒季，格陵兰、亚洲北部和北美地区上空经常出现高气压，使北冰洋海域常有猛烈的暴风。

北冰洋海域从水面到水深100~250米的水温，为零下1℃~1.7℃，盐度为30‰~32‰。沿岸地带水温全年变化很大，范围为零下1.5℃~8℃，盐度不到25‰。北冰洋北欧海区的水面温度，全年为2℃~12℃，盐度在35‰左右。

北冰洋的洋流系统是由北大西洋暖流的分支挪威暖流、斯匹次卑尔根暖流和北角暖流、东格陵兰寒流等组成。

基本小知识

冰　盖

冰盖是一块巨型的圆顶状冰。它覆盖着广大地区的极厚的冰层，覆盖少于50000平方千米的陆地面积（一般常见于高原地区）。覆盖面积超过50000平方千米的叫作冰原。南极和格陵兰为两个大冰盖。

北冰洋水文的最大特点，是有常年不化的冰盖，因此北冰洋也成为世界上最寒冷的海洋，差不多有$\frac{2}{3}$的海域，常年被2~4米的厚冰覆盖着，其中北极点附近冰层厚达30多米。海水温度大部分时间在0℃以下，只在夏季靠近大陆的水域，温度才能升至0℃以上，并在沿岸形成不宽的融水带。但是在大西洋暖流的影响下，北冰洋内还是有几个几乎全年不冻的内海和港口，如巴伦支海南岸的摩尔曼斯克。

东格陵兰寒流是发源于北冰洋，沿格陵兰岛的东海岸向南流动的一支寒流。它的强弱变化直接受北冰洋海冰生成与消融的影响。由于它源于高纬度海域，因此水温和盐度均较低（夏季水温为2.4℃。盐度为32‰~33‰）。它的流速约1千米/小时，春季常常携带着许多浮冰和冰山。

摩尔曼斯克

◎世界主要大海

1. 珊瑚海

珊瑚海是全球面积最大和深度最深的海，位于南太平洋，西濒澳大利亚，南与塔斯曼海毗邻，东北部为新赫布里底群岛、所罗门群岛、新几内亚所包围，海域面积约4971万平方千米，大部分水深在3000~4000米以上，最深处9174米。

珊瑚海

珊瑚海地处热带，海水温度全年都在20℃以上，水温最高月份超过28℃。由于其周围几乎无河水流入，所以水质清澈透明，水下光线充足，人们用肉眼可见20米以下的深度，海水盐度在27‰~38‰。这些条件非常适合于珊瑚礁的生长和发育，因此海中分布着世界著名的大堡礁。透明碧蓝的海水中，点缀着色彩斑斓的珊瑚礁群，与五光十色的热带生物一起，构成了一个神奇无比亦梦亦幻的海底世界。

2. 马尔马拉海

马尔马拉海是世界上面积最小的海，位于亚洲的小亚细亚半岛和欧洲的巴尔干半岛之间，东西长仅270千米，南北宽只有70千米，面积为1.1万平方千米。马尔马拉海是因欧亚大陆断层下陷而形成，所以海岸陡峭，深度较大，平均深度为183米，最深达1355米。

3. 亚速海

亚速海是世界上最浅的海。它位于俄罗斯与乌克兰之间，平均水深只有8米，最深才14米，面积为3.9万平方千米。

你知道吗

珊瑚礁

珊瑚礁是石珊瑚目的动物形成的一种结构。这个结构可以大到影响其周围环境的物理和生态条件。在深海和浅海中均有珊瑚礁存在。它们是成千上万的由碳酸钙组成的珊瑚虫的骨骼在数百年至数千年的生长过程中形成的。珊瑚礁为许多动植物提供了生活环境，其中包括蠕虫、软体动物、海绵、棘皮动物和甲壳动物。此外，珊瑚礁还是大洋中鱼类的幼鱼生长地。

4. 红海

红海是世界上含盐量最高的海。它横卧在亚洲的阿拉伯半岛和非洲大陆之间，呈西北—东南向延伸，长约2000千米，最宽处约306千米，面积约45万平方千米。红海的含盐量高达41‰~42‰，在深海底部的个别地区甚至在270‰以上，已经接近饱和，是世界上海洋平均含盐量的8倍左右。

红海含盐量高的原因，与其所处的地理位置、气候条件、无河流淡水流入以及与大洋之间的水量交换微弱有关。红海地处热带和亚热带地区，气温高，蒸发强，降水不足200毫米，海水长期浓缩。

红海两岸皆为干旱荒漠地区，无一条陆上淡水河流入海稀释海水。红海与印度洋的连接通道比较狭窄，且上有石林岛、下有水底岩岭阻隔，使印度

洋较淡的海水进不来，而自身的咸水又出不去。

红 海

另外，红海底部还存在好几处大面积"热洞"，大量炽热的岩浆沿着地壳的裂隙涌到海底，加热周围的岩石和海水，使深层海水温度高于表层。深层的高温海水泛到海面，更加剧了红海海水的蒸发浓缩过程，使其含盐量愈来愈高。红海由于含盐量高，繁殖有大量红色海藻，海水呈红棕色，因而得名，倒也名副其实。

知识小链接

岩 浆

岩浆是熔化的岩石，通常位于地表之下的岩浆库中。岩浆是一种复杂的高温硅酸盐溶液，是各种火成岩的前身。岩浆处于高温和高压之中，有时会经由火山道以熔岩流或火山碎屑物的火山喷出物的形式冒出。这些火山喷发的产物通常包括了从没到过地表的液体、结晶体和溶解气体等。岩浆会在地壳中各自分离的岩浆库内集结，不同地方的岩浆组成成分会稍有不同。

5. 波罗的海

波罗的海是世界上含盐量最低的海。它位于欧洲大陆与斯堪的那维亚半岛之间，由北纬54°向东一直延伸到北极圈以内，长1600千米，平均宽度190千米，面积约42万平方千米，平均水深86米。波罗的海海水含盐量只有7‰~8‰，各海湾的含盐量更低，仅2‰左右，完全不经处理就能直接饮用。

波罗的海含盐量如此之低的原因，一是因其年龄小，形成时间不长，水质本来就好，含盐量不高；二是它位于高纬度地区，气温低蒸发弱，海水浓缩较慢；三是海域受西风带的影响，天然降水较多，可以补充淡化海水；四是它的四周有为数众多的河流流入，大量淡水源源不断地补充；五是它与大西洋的通道又窄又浅，不利于海和洋间的水分交换，较咸的大西洋水很少进入。

波罗的海的海水既浅又淡，在寒冷的冬季极易结冰，特别是东部和北部海域，每年都有较长时间的冰封期，不利于航运。

6. 马尾藻海

马尾藻海是世界上唯一没有边缘和海岸的海。马尾藻海既不是大洋的边缘部分，也不与大陆毗连，完全是一个没有明确边界的"洋中之海"，周围都是广阔的洋面。

马尾藻海位于大西洋的中部海域，大致的位置为北纬20°～35°和西经30°～75°，面积很大，有数百万平方千米，是由墨西哥暖流、北赤道暖流和加那利寒流围绕而成。它之所以称之为马尾藻海，是因为它的海面上遍布一种无根的水草——马尾藻，身临其境放眼远望似一片无边无际的大草原。在海风和洋流的带动下，漂浮的密集马尾藻又像一块向远处伸展的巨大橄榄绿地毯。

此外，马尾藻海海域是一块终年无风区，在过去靠风力航行的年代，船舶一旦误入，十有八九被围困而亡，因而一向被视为恐怖的"魔海"。马尾藻海由于远离江河入海口，完全不受大陆的影响，因此浮游生物极少，海水碧青湛蓝，透明度高达66.5米，个别海域甚至可到72米，也是世界上透明度最大的海。

基本小知识

马尾藻

马尾藻是褐藻的一属。藻体分固着器、茎、叶和气囊四部分。茎略呈三棱形，叶子多为披针形。生长在近海中，可作饲料，又可用来制褐藻胶和绿肥。藻多大型，多年生，可分为固着器、主干、分枝和藻叶等部分。固着器有盘状、圆锥状、假根状等。主干圆柱状，长短不一，向四周辐射分枝；分枝扁平或圆柱形。

7. 黑海

黑海是世界上显得最死气沉沉的海。它位于欧洲东南部巴尔干半岛和西亚的小亚细亚半岛之间，面积约 42 万平方千米，平均含盐量在 22‰以下。黑海的四周都是黝黑的崖岸，海水呈青褐色，名字由此而来。

黑海海岸

黑海基本上是个较为封闭的内海，北部经狭窄的刻赤海峡与亚速海相通，西南部经不宽的博斯普鲁斯海峡、马尔马拉海和达达尼尔海峡，可通往地中海。

黑海的含盐量虽然较低，但在某些水深为 155～300 米的海域里，几乎没有生物生长。经科学家调查和研究，发现这些海域有硫化氢污染，水中缺乏氧气。

黑海在与地中海的水流交换中，黑海较淡的海水由表层流出，收到的则是从深部流进的又咸又重的盐水，由于黑海内部环流速度较慢，被硫化氢污染的水层常年存在，生物不能存活，只能是基本无生命迹象的"死区"一块。

◎世界著名河流

1. 尼罗河

尼罗河位于非洲东部，由南向北流，全长约 6670 千米，为世界上第一长河。尼罗河是一个多源河，最远的源头称阿盖拉河，注入维多利亚湖，再从其北岸的金贾流出，北流进入东非大裂谷，形成卡巴雷加瀑布，然后经艾伯特湖北端，在尼穆莱附近进入苏丹，经马拉卡勒后称白尼罗河。由于白尼罗河流经大片沼泽，所含杂质大部分沉淀，水色纯净，但因水中挟带有大量水生植物而呈乳白色而得名。白尼罗河北流至喀土穆汇入青尼罗河，在喀土穆以北 320 千米接纳阿特拉巴河，流至埃及首都开罗进入尼罗河三角洲，并分为罗基塔河与塔米埃塔河两个支汊，分别注入地中海。

尼罗河流域面积 3349 万平方千米，人口超过 5000 万，流经布隆迪、坦桑尼亚、卢旺达、扎伊尔、肯尼亚、苏丹、埃塞俄比亚、埃及等国。尼罗河下游地区自古以来就是著名的灌溉农业区，孕育了古埃及文明。

尼罗河水的涨落非常有规律。6 ~ 7 月份是洪水期，河口处的最大流量可达每秒 6000 立方米，易泛滥成灾。但是洪水带来的肥沃泥土有利于农业。在尼罗河两岸至今还留有大量古代文明的遗迹，如金字塔、巨大的帝王陵墓等。

2. 亚马孙河

亚马孙河全长约 6400 千米，流域面积约 692 万平方千米，河口处的年平均流量达 12 万立方米/秒，是南美洲第一大河，长度仅次于非洲尼罗河，为世界上第二长河，但它是世界上水量最大和流域面积最广的河流。

亚马孙河上源乌卡亚利河与马拉尼翁河发源于秘鲁的安第斯山脉，干流横贯巴西西部，在马拉若岛附近注入大西洋。亚马孙河流域广大，纬度跨距有 25° 之多，包括巴西的大部分，委内瑞拉、哥伦比亚、厄瓜多尔、秘鲁和玻利维亚的一部分。

亚马孙河支流众多，有来自圭亚那高原、巴西高原和安第斯山脉的大小支流近千条。主要有雅普拉河、茹鲁阿河、马代拉河、欣古河等七条，它们的长度都在 1600 千米以上，其中马代拉河最长，达 3219 千米。

亚马孙河地处世界上最大最著名的热带雨林地区，降水非常充沛，由西部的平原到河口的辽阔地域内，年平均降水量都在 2000 毫米以上，河水量终年丰沛。亚马孙河每年注入大西洋的水量，约占全世界河流入海总水量的 20%。亚马孙河水大、河宽、水深，巴西境内的河深大都在 45 米以上，马瑙斯附近深达百米，下游的河宽在 20 ~ 80 千米，喇叭形的河口宽达 240 千米。如此宽深的水面，使亚马孙河成为世界最著名的黄金水道，具有极大的航运价值。

亚马孙河流域的大部分地区，覆盖着热带雨林，动植物种类繁多，是生物多样性最为丰富的地区。热带雨林中的硬木、棕榈、天然橡胶林等，都具

3. 密西西比河

密西西比河位于北美洲，全长约 6020 千米，流域面积约 322.1 万平方千米，为北美第一大河和世界第四长河，在长度上仅次于尼罗河、亚马孙河和我国的长江。

密西西比河干流发源于美国明尼苏达州艾塔斯卡湖，由北向南流经加拿大的两个省和美国的31 个州，最后注入墨西哥湾。主要支流有西岸的密苏里河、阿肯色河、雷德河等，东岸的俄亥俄河、田纳西河等。

密西西比河水量丰富，具有航运灌溉之利，素有"河流之父"和"老人河"之称。密西西比河的中下游河道迂回曲折，流淌在大平原上，河滩广阔，沼泽遍布。

广角镜

热带雨林的分布

世界上三大热带地区都有热带雨林的分布。最大的一片在美洲。南美洲亚马孙河流域目前还保存着 40000 平方千米面积，约占热带雨林总量的一半，约占世界阔叶林总量的 $\frac{1}{6}$。第二大片是亚洲的热带雨林区，面积有 20000 平方千米。第三大片是非洲刚果盆地热带雨林区，面积 18000 平方千米。它们都是在赤道附近的雨林气候下形成的。

密西西比河含沙量较大，每年输入墨西哥湾的泥沙达 4.95 亿吨，在河口处形成了巨大的鸟足形三角洲，面积有 7.77 万平方千米，其中 2.6 万平方千米露出水面，每年可向海中推进近 100 米。

密西西比河及其支流构成了美国最庞大的内河航运网，北经俄亥俄河与伊利诺伊水道能与五大湖沟通。水深在 2.75 米以上的航道有上万千米，可航水路达 2.5 万千米。重要河港有明尼阿波利斯、圣保罗、圣路易斯、海伦娜、格森维尔、维克斯堡和新奥尔良等。

4. 刚果河

刚果河又名扎伊尔河，位于非洲大陆赤道附近，流经刚果（金）、赞比亚、刚果（布）、安哥拉、中非共和国五个国家，在刚果（金）的巴纳纳城附近注入大西洋，全长约 4370 千米，流域面积约 369.1 万平方千米。按长度计虽名列世界第八，但其水量仅次于南美洲的亚马孙河，为世界上第二大河。

刚果河发源于刚果（金）南部加丹加高原。它的流域 70% 在刚果（金）境内，因流域的大部分地区属长年高温多雨的赤道气候，年降水量都在 1500 毫米以上，加之赤道南北的雨季相互交错，北部雨季在 4～9 月，南部则为 10 月到次年的 3 月，全年充沛的降水补给不间断，使河流的水量丰富而稳定。

刚果河上游有两支，西支叫卢阿拉巴河，发源于加丹加高原；东支称卢瓦普拉河，发源于班韦乌卢湖，在接纳了赞比亚境内的钱贝西河后，经姆韦姆湖汇入西支卢阿拉巴河。

趣味点击 "一天有四季"的赤道气候带

赤道气候带出现在赤道无风带的范围内，包括南美洲亚马孙河流域、非洲刚果河流域、几内亚沿海、马来西亚、印度尼西亚和巴布亚新几内亚等地。太阳每年有两次越过赤道，温度在春、秋分以后有两个极大值，冬、夏季则为两个较凉季节。太阳徘徊于赤道附近，使赤道气候终年高温，年平均气温 25℃～30℃，年较差极小，平均不到 5℃，日较差相对比较大，平均达 10℃，远大于年较差，真所谓"一天有四季"。

刚果河可通航的支流有 39 条之多，可通航 800～1000 吨驳船的里程达 1000 千米。刚果河水力资源极其丰富，蕴藏量近 4 亿千瓦。沿岸分布有刚果（金）首都金沙萨、刚果（布）首都布拉柴维尔和卡巴洛、基桑加尼、班姆达、马塔迪等城市及海港巴纳纳。

刚果河流域内的野生动物种类繁多，建有数个国家级野生动物保护区。其中乌彭国家公园的面积达 11.730 平方千米，动物有斑马、羚羊、象、水牛、狮子等；萨隆加国家公园的森林茂密，栖息着鹦鹉、象、羚羊、猿猴等动物。

◎ 世界著名湖泊

烟波浩渺的湖泊水和奔腾不息的江河水一样，都是与人类生活和生产关系最密切的水体，是世界上城市的主要取水源地。

世界湖泊分布极广，为数众多，著名的大湖有欧亚大陆之间的里海，亚洲的贝加尔湖、咸海，欧洲的拉多加湖，非洲的维多利亚湖、坦噶尼喀湖和马拉维湖，北美洲的苏必利尔湖、休伦湖、密歇根湖、大熊湖、大奴湖、伊利湖、温尼伯湖、安大略湖，南美洲的马拉开波湖。

1. 里海

里海是世界上第一大湖，位于欧亚大陆之间，东、南、西三面的大部分分别为卡拉库姆沙漠、厄尔布鲁斯山脉和大高加索山脉所环绕。它的南面是伊朗，北面、西面和东面为俄罗斯、哈萨克斯坦、土库曼斯坦、阿塞拜疆等国，也是一个所属国家最多的国际湖泊。

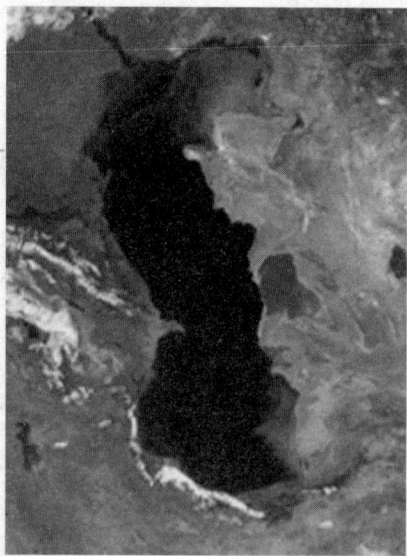

海洋学家认为，里海是古地中海的一部分，曾和黑海、大西洋相通过，直到中新世晚期，才逐渐变成四周都是陆地的封闭性的水域。它的水是咸的，水中的生物也和海洋中的差不多，因此仍旧可算作海。但是地理学家却认为，里海虽然称"海"，但它四周都是陆地，与海洋不直接相通，从地理角度看应当属于湖泊。

里 海

大高加索山脉

大高加索山脉，主轴分水岭为南欧和西亚的分界线。它位于黑海与里海之间，呈西北－东南向，横贯格鲁吉亚、亚美尼亚和阿塞拜疆 3 国。大高加索山脉属阿尔卑斯运动形成的褶皱山系。长约 1200 千米，宽约 200 千米，山势陡峻，海拔大都在 3000～4000 米。最高峰厄尔布鲁士山，海拔 5642 米，是一座死火山。海拔 3500 米以上终年积雪。现在它为一条重要地理界线。

里海南北长约 1200 千米，东西宽约 320 千米，湖岸线长约 7000 千米，平均深度 180 米，最大水深 1025 米，面积约 37.1 万平方千米。

里海的入湖河流有 130 条，最大的河流是由北部注入的伏尔加河，其年入海径流量为 300 立方千米以上，占里海总入海径流量的 85%。入海径流量的季节变化和年际变化，直接影响里海的盐度和水位。里海的盐度约比大洋水的标准盐度低 $\frac{2}{3}$，一般为 12‰～13‰，氯化物含量低，硫酸盐和碳酸盐的含量高。伏尔加河三角洲外围的湖水因入湖河水的淡化，盐度最低只有 0.2‰。

里海水位长周期和超长周期的显著变化，是最引人注目的现象。研究表明，19 世纪初期的里海水位，要比 4000～6000 年前低 22 米；1930～1957 年，由于在伏尔加河上修建了众多水库，流域工农业用水增加和气候变干等的影响，里海水位又有下降，自 20 世纪 70 年代初以来，水位一直保持在海拔 -28.5 米左右。里海北部的 12 月到翌年 4

鲟鱼

月，常有结冰现象，冰厚一般为 0.5～0.6 米，最厚可达 1.0 米，影响北部地区的航运。

里海流域动植物种类众多，植物有 500 多种，动物有 850 种。常见的鱼类有鲟鱼、鲱鱼、河鲈、西鲱等，其中鲟鱼是当地著名的特产。里海湖域油气资源丰富，西岸的巴库和南岸的厄尔布鲁士山，都是重要的产油区。

2. 苏必利尔湖

北美洲是个多湖泊的洲，淡水湖之多，面积之大，均居各洲之首。在美国北部与加拿大接壤的五大湖泊，总面积约 24.5 万平方千米，是世界上最大的淡水湖群。五大湖之间有运河相通，大型海轮可从大西洋经圣劳伦斯河直达五大湖沿岸。

苏必利尔湖是北美五大湖中最西北的一个，为世界上最大的淡水湖，位于加拿大和美国之间，其东北面为加拿大的安大略省，西南面为美国的明尼苏达州、威斯康辛州和密歇根州。苏必利尔湖的水面面积为 8.21 万平方千米，平均深度为 148.4 米，最大深度为 405.4 米，蓄水量为 1.16 万立方千米，占五大湖总蓄水量的一半以上。

苏必利尔湖流域面积为 127687 平方千米，注入的河流有近 200 条，最大的河流是尼皮贡河和圣路易斯河，湖水通过圣马丽斯河流入休伦湖。沿湖多林地，季节性的渔猎和旅游是当地娱乐业的主要项目。西岸的加拿大境内开辟有苏必利尔省立公园，园中建有很多游乐设施。

苏必利尔湖中的最大岛屿为罗亚尔岛，长约 72 千米，最宽处达 14 千米，密布针阔叶林，野花遍地，野生动物出没其间，有 200 多种鸟类，已被美国开辟为国家公园。

苏必利尔湖流域矿产资源丰富，蕴藏铁、镍、银、铜等多种矿产。苏必利尔湖地处高纬地区，每年封冻期约 4 个月，通航期 8 个月，主要港口有加拿大的桑德县，美国的塔克尼特、图哈伯斯、阿什兰、汉考克、霍顿和马凯特等。

3. 维多利亚湖

维多利亚湖位于非洲肯尼亚、乌干达和坦桑尼亚三国的接壤处，呈不规

苏必利尔湖

则的四边形，南北长约 337 千米，最宽处约 241 千米，平均水深约 40 米，最大水深约 82 米，湖面面积约 6.84 万平方千米，湖岸线长约 3200 千米，湖面海拔约 1134 米，流域面积达 23.89 万平方千米，是非洲第一大淡水湖和世界上第二大淡水湖。

维多利亚湖中多岛屿和暗礁，其中最大的岛屿是斯皮克湾北面的凯雷韦岛。岛上长满树木，高出湖面 198 米。湖的西北角分布有由 62 个岛屿组成的塞塞群岛，人口稠密，风景优美。

维多利亚湖的南岸线曲折，多悬崖陡壁，在花岗岩丘陵间分布着很多小湖湾；北岸亦曲折多岬角；东北岸有一条狭长的水道通往卡韦朗多湾，并延伸 64 千米到肯尼亚的基苏木。维多利亚湖流域面积广大，入湖河流众多，其中较大者有发源于基伍湖东面，由湖西侧注入的卡格拉河和唐加河。

维多利亚湖

维多利亚湖周围分布着广阔的平原和沼泽。有数百万人口居住在湖周围 80 千米的范围内，是非洲人口最稠密的地区之一。湖中全年可以通航，湖港有木索马、基苏木等。由于 1954 年建成了欧文瀑布水坝，维多利亚湖实际上已变成一个大水库。

维多利亚湖风景独特，生物种类繁多。在湖的东南岸建有塞伦盖蒂国家公园，园内生活着大量野牛、斑马、狮子、豹、象、犀牛、河马、狒狒和 200 多种鸟类。

趣味点击　狒狒的推理能力

狒狒是东非大裂谷特有的灵长类动物。据动物学家介绍："人与狒狒之间的进化差距很大。大约3000万年以前，狒狒遵循的是与人、黑猩猩不同的进化途径，它们没有语言能力。过去，狒狒被认为几乎不具有推理能力。然而，2001年底，美国科学家在《实验心理学》杂志上发表论文说，他们发现狒狒有完成复杂抽象推理的能力。这是人类首次发现非人类及非猿灵长类动物具有这种复杂的能力。"

大洋洲的湖泊较少，最大的湖泊是澳大利亚境内的北艾尔湖，面积约8200平方千米；最深的湖泊是新西兰的蒂阿瑙湖，最深处有276米。

世界上最深的湖是俄罗斯的贝加尔湖，最深处达1620米。第二深湖是非洲的坦噶尼喀湖，其深度可达1435米。

世界上海拔最高的大湖是我国西藏的纳木错，湖面海拔4718米，面积为1940平方千米，是咸水湖。最高的大淡水湖是南美洲的的的喀喀湖，其水面的绝对高度可达3812米；世界上最低的湖是死海，湖面低于海平面400米，是世界上陆地最低点。由于气候炎热，死海蒸发量大，进水量与蒸发量大致相等，湖水含盐度高达25%，是世界上含盐度最高的咸水湖，几乎是世界上大洋水平均盐度的七倍，所以死海水的密度远大于1，即使不会游泳的人，浮在死海水面上，不会下沉；躺在湖里看书，也安然无恙。死海上空艳阳高照，海面上空气清新，含氧量高，其治病功能不亚于温泉。

北欧的芬兰虽说国土不大，只有30多万平方千米，但国内湖泊星罗棋布，大小湖泊有6万多个，约占国土面积的$\frac{1}{6}$，被称为"千湖之国"。

死　海

🢂 我国的水能资源

🢂 ◎ 我国主要大海

1. 南海

南海是我国大陆濒临的最大外海，面积约 356 万平方千米，差不多是东海、黄海、渤海三海面积总和的三倍，平均水深约 1212 米，最深约 5559 米。南海几乎被大陆、半岛和岛屿所包围，其南部是加里曼丹岛和苏门答腊岛，西为中南半岛，东部是菲律宾群岛。东北部经台湾海峡和东海与太平洋相通，东部通过巴士海峡与苏禄海相连，南部经马六甲海峡与爪哇海、安达曼海和印度洋相通。

南海岛屿众多，但除海南岛、黄岩岛和西沙群岛中的石岛外，多为珊瑚岛和珊瑚礁。南海由于地处热带加上大部分地区较少受大陆影响，海水清澈湛蓝，透明度较大，分布有很多珊瑚岛和珊瑚礁，总称为南海诸岛。

东沙群岛水产资源丰富；西沙群岛是海鸟的世界，鸟粪资源丰富，是优质肥料；中沙群岛是大量未露出水面的珊瑚礁；南沙群岛的面积最大，岛屿数量最多，其最南端的曾母暗沙是我国领土最南端。

流入南海的主要河流：我国的珠江、韩江，中南半岛的红河、湄公河、湄南河等。南海盛行季风漂流，夏季西南季风期为东北向漂流，冬季东北季风期为西南向漂流。

南海的水温终年都很高，夏季北部海域为 28℃，南部海域可达 30℃；冬季除粤东海域较低为 15℃外，其他海域仍达 24℃ ~ 26.5℃。南海的含盐量平均为 34‰，近岸区因受大陆的影响含盐量较低，并且变化较大；外海区含盐量全年都较高，变化也小。

南海主要经济鱼类有蛇鲻、鲱鲤、红笛鲷和中国鱿鱼等。

南海北部的北部湾、莺歌海、珠江口等盆地，蕴藏着丰富的石油和天然气资源。

2. 东海

东海，是我国大陆濒临的第二大外海。它西接我国大陆，北连黄海，东北以韩国济州岛经日本五岛列岛至长崎半岛南端的连线为界，穿过朝鲜海峡与日本海相通，东面由日本九州

西沙群岛

岛、琉球群岛和我国的台湾岛把其与太平洋隔开，南经台湾海峡的南界与南海相通。

东海海域面积约 77 万平方千米，平均水深约 370 米，冲绳海槽最深约 2719 米。流入东海的河流有长江、钱塘江、闽江、瓯江和浊水溪等，其中长江的入海径流量最大，是东海西部沿岸低盐水存在的主要原因。东海海域岛屿众多，主要有台湾岛、澎湖列岛等。

东海由于有大量的大陆河水进入，近岸水体为含盐量低的低盐水，外海的水体则是由黑潮及其分支构成的高盐水。冬季近岸水体的盐度在 31‰ 以下，黑潮水域高达 34.7‰；夏季长江口处近岸水域的海水的含盐量可低到 5‰ ～ 10‰，含盐量的年变化幅度高达 25‰。

拓展阅读

舟山渔场

舟山渔场是我国最大的渔场，地处东海，是浙江省、江苏省、福建省和上海市 3 省 1 市渔民的传统作业区域。以大黄鱼、小黄鱼、带鱼和墨鱼（乌贼）为主要渔产。与俄罗斯的千岛渔场、加拿大的纽芬兰渔场、秘鲁的秘鲁渔场齐名。渔民习惯按各作业海域，把舟山渔场划分为大戢渔场、嵊山渔场、浪岗渔场、黄泽渔场、岱衢渔场、中街山渔场、洋鞍渔场和金塘渔场。

东海由于受黑潮和台湾暖流的影响，夏季西部我国近岸海域的水温为 27℃ ~ 29℃；冬季西部海域水温低于 10℃，而东部海域的水温约为 20℃。

东海的主要经济鱼类有带鱼、大黄鱼、小黄鱼、鳓鱼、鲳鱼、鳗鱼、鲨鱼、鲐鱼、鲷鱼、海蟹、鱿鱼、马面鲀等。西部近海的舟山渔场、渔山渔场、温台渔场和闽东渔场，都是著名的渔场。东

舟山渔场

海凹陷地带油气资源蕴藏丰富。另外，东海我国沿海一带潮汐动力资源丰富，具有良好的开发前景。

3. 黄海

黄海是我国大陆濒临的第三大外海，是西太平洋边缘海的一部分，由于古黄河曾在江苏北部沿岸汇入黄海，海水的含沙量高并呈黄褐色，因而得名。

黄海的西面和北面与我国大陆相接，东部与朝鲜半岛为邻，西北与渤海相通，南与东海相连，东北经朝鲜海峡与日本的东海相通，是一个半封闭的陆架浅海。面积约 38 万平方千米，平均深度仅有 44 米，最大深度 140 米。

流入黄海的主要河流有中朝界河鸭绿江、我国大陆淮河水系诸河流和朝鲜的大同江等。

黄海中的主要岛屿是长山岛和朝鲜半岛西海岸的诸岛。黄海暖流和沿岸洋流是黄海的两支基本洋流，流向全年稳定不随季节变化。黄海水团是由外海水团和沿岸水团混合而成。冬季是混合最为强烈的时期，也是盐度最高、水温最低的季节，并且垂直分布均匀；夏季上层海水温度升至 20℃ ~ 28℃，含盐量降至 30.6‰ ~ 31.7‰，但下层仍为低温（6℃ ~ 12℃）和高盐水（含盐量 31.6‰ ~ 33.0‰）。黄海的主要经济鱼类和虾类：小黄鱼、黄姑鱼、叫多古鱼、带鱼、对虾、鹰爪虾、鲷鱼、鳓鱼、鲨鱼、鳕鱼、鲐鱼、鲅鱼、鲱鱼、鲳鱼、鲽鱼等。

水 团

水团是指具有相对均匀的物理、化学和生物特征及大体一致的变化趋势，而与周围海水存在明显差异的宏大水体。水团一词，是海兰·汉森于1916年首先用于海洋学中的。1929年，德凡特参照大气科学中气团的定义，首次给出了水团的定义。

鳕 鱼

4. 渤海

渤海是我国的内海，基本上被陆地所环抱，其东侧北半部是辽东半岛，北侧为下辽河平原，西侧是辽西山地和华北平原，南侧为山东半岛，仅东南部的渤海海峡与黄海相通，是个近似封闭的浅海。

渤海面积约7.7万平方千米，平均深度约18米，最大水深约70米。进入渤海的主要河流有辽河、滦河、海河和黄河，在入海口的底部形成了各自的水下三角洲和谷地。西部的渤海湾海域，水深不足10米，是渤海的"滞缓区"，与出海口水体的交换能力很微弱，具有水浅和淤泥质潮间带的特征，自净能力较差，极易遭到污染。

渤海的主要岛屿为庙岛列岛、长兴岛、凤鸣岛、西中岛、菊花岛等。主要经济鱼类有小黄鱼、鳓鱼、黄姑鱼、鲷鱼、带鱼、梭鱼、鲆鲽、鲅鱼、鲈鱼和对虾等。

渤海位置靠北，每年冬季沿岸都有不同程度的结冰现象，仕重冰牛大部分海面封冻，并在港口有厚冰堆积，船只常被冻在海上，航运交通中断。渤海沿岸盛产海盐，西岸长芦盐场的海盐产量居全国首位。

◎ 我国主要河流

1. 长江

长江又名扬子江，是我国的第一大河，世界第三长河，全长约 6300 千米，流域面积约 181 万平方千米，年入海径流量约 1000 立方千米。

长江的正源沱沱河，发源于青海省唐古拉山主峰各拉丹东雪山的西南侧，由西向东流经青海、西藏、云南、四川、重庆、湖北、湖南、江西、安徽、江苏、上海等 9 个省（区）和 2 个直辖市，最后在上海的吴淞口注入东海。长江的支流则延展至甘肃、陕西、河南、广西、广东、福建等 8 个省（区）。

长江流域是我国经济高度发达的流域，内有耕地 4 亿多亩，生活着 3.58 亿人口，生产全国 36% 以上的粮食，23% 以上的棉花和 70% 的淡水鱼类。

长江水系十分发达，支流、湖泊众多，干流横贯东西，支流伸展南北，由数以千计的支流组成了一个庞大的水系。长江主要支流有雅砻江、岷江、沱江、嘉陵江、乌江、湘江、汉江、赣江、青弋江、黄浦江等 18 条，它们串联着鄱阳湖、洞庭湖、太湖等湖泊。

长江上游河段在各省有不同的名称，在青海省玉树县以上称通天河，玉树至四川宜宾一段叫金沙江，宜宾到湖北宜昌段称川江，湖北枝城至湖南城陵矶段叫荆江。习惯上人们将宜宾以下的干流段称为长江。

长 江

长江流域，除西部一小部分为高原气候外，其余都属亚热带季风气候，温和湿润，雨量充沛，多年平均降水量 1100 毫米左右，河流水量丰富而稳定，年际变化较小。长江流域的水力资源极其丰富，总落差高达 5400 米，理论蕴藏量为 2.64 亿千瓦，其中干流为 9168 万千瓦，占全流域水能拥有量的 34.2%。

高原气候

高原气候是指高原条件下形成的气候。全球中纬度和低纬度地区的著名高原，有中国的青藏高原、云贵高原、内蒙古高原和黄土高原，美国西部高原，南美洲玻利维亚高原和非洲东非高原等。由于它们的地理位置、海陆环境、海拔和高原形态上的差异，它们的气候也各不相同。

长江是我国的"黄金水道"，自古以来就是东西水上运输的大动脉。目前干、支流的通航里程约 7 万千米，其中可通航机动船舶的有 3 万多千米，万吨海轮可逆流上溯至江苏南京，5000 吨海轮可直航湖北武汉，1000 吨级船舶可航行至重庆市。长江沿岸是我国工业最为集中的地带，沿江有重庆、武汉、南京、上海等大城市和为数众多的中小城市。

2. 黄河

黄河是我国的第二长河，世界上第五长河，发源于青海巴颜喀拉山，干流贯穿 9 个省（区）：青海、四川、甘肃、宁夏、内蒙古、陕西、山西、河南、山东，年径流量 574 亿立方米，平均径流深度 79 米，但水量不及珠江大。沿途汇集有 35 条主要支流，较大的支流在上游，有湟水、洮河，中游有清水河、汾河、渭河、沁河，下游有伊河、洛河。两岸缺乏湖泊且河床较高，流入黄河的河流很少，因此黄河下游流域面积很小。

黄 河

黄河从源头到内蒙古自治区托克托县河口镇为上游，河长约 3472 千米；河口镇至河南孟津为中游，河长 1206 千米；孟津以下为下游，河长约 786 千米。黄河横贯我国东西，流域东西长约 1900 千米，南北宽约 1100 千米，总面积达 752443 平方千米。

上游河段流域面积约 38.6 万平方千米，流域面积占全黄河总量的 51.3%；上游河段总落差 3496 米；河段汇入的较大支流（流域面积 1000 平方千米以上）43 条，径流量占全河的 54%；上游河段年来沙量只占全河年来沙量的 8%，水多沙少，是黄河的清水来源。上游河道受阿尼玛卿山、西倾山、青海南山的控制而呈"S"形弯曲。黄河上游根据河道特性的不同，又可分为河源段、峡谷段和冲积平原三部分。

下游流域面积仅 2.3 万平方千米，占全流域面积的 3%；下游河段总落差 93.6 米；区间增加的水量占黄河水量的 3.5%。由于黄河泥沙量大，下游河段长期淤积形成举世闻名的"地上悬河"，黄河约束在大堤内成为海河流域与淮河流域的分水岭。除大汶河由东平湖汇入外，本河段无较大支流汇入。

基本小知识

分水岭

分水岭是指分隔相邻两个流域的山岭或高地，河水从这里流向两个相反的方向。在自然界中，分水岭较多的是山岭、高原，但也可以是微缓起伏的平原或湖泊，甚至有的河流也成为两个流域的分水岭。分水线是分水岭的脊线。它是相邻流域的界线，一般为分水岭最高点的连线。

3. 珠江

珠江，是我国南方最大的河流，河长约 2120 千米，流域面积约 45.3 万平方千米（含越南境内的 1.16 万平方千米），年入海径流量 349.2 立方千米，为黄河水量的六倍。

珠江是我国第六长河，但其水量仅次于长江，为我国第二大河。珠江是指西江、北江、东江和珠江三角洲诸河在内的总称，具有复合流域和复合三角洲的特点。

珠江流经云南、广西、贵州、湖南、江西、广东 6 省（区），支流众多，以西江为干流。西江发源于云南省沾益县的马雄山，从上游到下游各个河段都有别称。由河源至蔗香双江口（贵州）叫南盘江，双江口至象州三江口（广西）称为红水河，三江口至桂平（广西）叫黔江，桂平至梧州（广西）称浔江，梧州以下至河口段始称西江，经磨刀门注入南海。

珠 江

珠江水系的三江入海处，发育有各自的三角洲，相互连接成面积约1.1万平方千米的珠江三角洲平原。珠江三角洲平原上河道密布，相互沟通，构成网状水系，主要水道有34条。

珠江水力资源丰富，航运价值极大，常年可以通航的里程有1.2万千米之多，广州黄埔港以下能通航万吨轮船，千吨轮船可由西江直达广西梧州。

珠江流域城镇众多，人口稠密，经济发达。

4. 雅鲁藏布江

雅鲁藏布江，是我国西南部最大的河流之一，其流域的平均海拔为4500米，是我国也是世界上海拔最高的河流。

雅鲁藏布江发源于西藏西南部喜马拉雅山北部的杰马央宗冰川，由西向东横贯西藏南部，在喜马拉雅山脉的最东端绕过南迦巴瓦峰转而南流，经巴昔卡流出我国国境进入印度，称布拉马普特拉河，在孟加拉国的戈阿隆多市附近与恒河汇合，最后注入孟加拉湾。

雅鲁藏布江天然水力资源极其丰富，蕴藏量近1亿千瓦，仅次于长江流域，名列全国第二。

雅鲁藏布江的里孜以上为上游，坡陡落差大，平均坡降达2.6‰，河谷宽达1~10千米，为典型的高原宽谷型河谷形态。

里孜至米林县的派区为中游，平均坡降1.2‰，沿途汇入众多支流，流量大，河谷呈宽窄相同的串珠状，最宽处达 2 ~ 8 千米。这里气候温和，适于农耕，是西藏农业最发达的地区。

派区以下为下游，平均坡降 5.5‰。雅鲁藏布江由米林县里龙附近折向西北，至帕隆藏布江汇入后急转向南，进入著名大拐弯的高山峡谷段，经巴昔卡进入印度。在大拐弯顶部两侧有海拔 7151 米和 7756 米的加拉白垒峰和南迦巴瓦峰，从南迦巴瓦峰的峰顶到墨脱的江面，相对垂直高差达 7100 米。据我国地理学家实地考察和考证，此处是世界上切割最深和最大的峡谷。

5. 淮河

淮河发源于河南省桐柏县桐柏山的主峰大白岭，自西向东流，经河南和安徽在江苏汇入洪泽湖。淮河的大部分水量经三河闸，穿过高邮湖至江都县三合营入长江，小部分水量经苏北灌溉总渠流入黄海。

淮河全长约 1000 千米，流域面积约 26.9 万平方千米，流域内有约 1300 万人口。北岸支流众多且较长，主要有洪河、颍河、涡河、浍河、沱河等，河床平缓，水流缓慢；南岸的支流少

广角镜

雅鲁藏布江大峡谷

中国西藏雅鲁藏布江下游的雅鲁藏布江大峡谷是地球上最深的峡谷。大峡谷核心无人区河段的峡谷河床上有罕见的四处大瀑布群，其中一些主体瀑布落差都在 30 ~ 50 米。峡谷具有从高山冰雪带到低河谷热带季雨林等 9 个垂直自然带，聚集了多种生物资源，包括青藏高原已知高等植物种类的 $\frac{2}{3}$，已知哺乳动物的 $\frac{1}{2}$，已知昆虫的 $\frac{4}{5}$，以及中国已知大型真菌的 $\frac{3}{5}$，堪称世界之最。

雅鲁藏布江

淮 河

并且短，多发源于大别山区，主要有史河等，河床比降大，水量丰富。

淮河是我国自然地理分区的一条重要界限，南、北气候在此分隔。干流以南属亚热带湿润气候，类似长江流域；干流以北基本上属黄淮冲积平原，类似华北地区，属暖温带湿润气候。

淮河由源头至洪河口为上游，流经山地丘陵区，河道比降大，平均为 0.5‰；洪河口至洪泽湖出口中渡为中游，河道曲折，比降极小，只有 0.03‰，水流缓慢，除穿越几个峡口外，干流的两岸地势平坦，多洼地湖泊；洪泽湖出口中渡以下至三江营为下游，地势低平，河道宽浅，密集的水网纵横交错，干支流上人工闸坝众多，湖泊星罗棋布。

6. 塔里木河

塔里木河河水主要靠上游山地降水及高山冰雪融水补给。从阿克苏河口到尉犁县南面的群克尔一带河滩广阔，河曲发育，河道分支多。洪水期无固定河槽，水流泛滥、分散，河流容易改道。在河谷洼地易形成湖泊、沼泽。群克尔以下河道又合成一支。

历史上塔里木河河道南北摆动，迁徙无定。最后一次在 1921 年，主流向东流入孔雀河注入罗布泊。1952 年人们在尉犁县附近筑坝，塔里木河同孔雀河分离，

你知道吗

冲积平原

冲积平原是由河流沉积作用形成的平原地貌。在河流的下游水流没有上游那么急速，从上游侵蚀了大量泥沙到了下游后因流速不再足以携带泥沙，结果这些泥沙便沉积在下游。尤其当河流发生水浸时，泥沙在河的两岸沉积，冲积平原便逐渐形成。著名的冲积平原有亚马孙平原、长江中下游平原等。

河水复经铁干里克故道流向台特马湖。塔里木河中上游有大规模水利设施，1971 年建有塔里木拦河闸。

塔里木河水流量因季节差异而变化很大。每当进入酷热的夏季，积雪、冰川融化，河水流量急剧增长，奔腾咆哮着穿行在万里荒漠和草原上。人们在塔里木河上架了一座 80 孔，混凝土结构，全长 1600 余米的大桥，还在塔里木河流域兴建了许多水利设施。各族人民的辛勤耕耘，把昔日荒漠变成桑田，塔里木河两岸瓜果满园。

塔里木河

◎我国主要湖泊

我国天然湖泊众多，在 960 多万平方千米的国土上，面积 1 平方千米以上的天然湖泊有 28000 多个，总面积相当于世界上最大淡水湖——美国与加拿大界湖苏必利尔湖的面积。

白头山天池

在这 28000 多个湖泊中，属内流区的约占 55%，多为咸水湖。其中青海湖是我国最大的湖泊；西藏的纳木错，湖面海拔 4718 米，是世界上面积超过 1000 平方千米湖泊中海拔最高的湖泊；东北长白山主峰白头山上的中朝界湖——天池，水深约 373 米，是我国深度最大的湖泊；青海柴达木盆地中的察尔汗盐湖，湖盐的储量世界闻名。我国面积超过 1000 平方千米的湖泊有青海湖、兴凯湖（中俄界湖）、鄱阳湖、洞庭湖、太湖、呼伦池、洪泽湖、纳木错、奇林错、南四湖、艾比湖、博斯腾湖、扎日南木错等。

我国的湖泊主要分布在长江中下游和青藏高原。我国湖泊绝大部分面积都不大，湖都比较浅，所以蓄水量不大。在我国东北有三个比较大的国际湖——中俄界湖兴凯湖、中蒙界湖贝尔湖及中朝界湖白头山天池。白头山天池最深处有373米，为我国最深的湖泊，吐鲁番盆地的艾丁湖湖底深度在海平面以下154米，为我国大陆最低点。

在各种内外力的作用下，湖盆会不断地发展变化。由于长期遭受波浪和潮流的冲刷与沉积作用，湖岸逐渐变形，在岩石破碎、风化强烈的陡岸，容易发生滑坡和崩塌。

基本小知识

风 化

风化是指使岩石发生破坏和改变的各种物理、化学和生物作用。

一般可定义为在地表或接近地表的常温条件下，岩石在原地发生的崩解或蚀变。崩解和蚀变的区别反映了物理作用和化学作用的差异。物理作用涉及岩石破碎而不涉及造岩矿物的任何分解。相反，化学作用则意味着一种或多种矿物的蚀变。

湖底由深变浅，主要是湖底沉积作用引起的，沉积物的粒径一般从湖岸向湖心由大变小，即由卵石、沙泥变为淤泥。我国湖泊在丰水年沉积量大，枯水年沉积量小，秋夏季节沉积较厚，冬春两季沉积较薄。如洞庭湖在丰水年中的沉积量可达3亿吨以上，而枯水年中的沉积量只有1亿吨左右。

由于各种物质的不断沉积、水生植物残体的不断堆积，湖底逐渐被堆高，湖水变浅，湖泊逐渐缩小。如1949～1974年，洞庭湖年平均缩小64平方千米面积。因此，若不采取保护措施，它将面临萎缩甚至消失的危险。

在地壳强烈下陷地区，当湖底的下沉量大于沉积量时，湖泊就会逐渐变深。

当湖泊由浅变深时，湖中的浅水植物就会逐渐演化为深水植物，湖心植物逐渐向沿岸发展。当湖泊由深变浅时，由于泥沙的不断淤积和植物死亡后的堆积，最后湖泊会逐渐转变为沼泽或湖积平原。

在干旱地区的湖泊，由于蒸发旺盛，盐分不断地积累，使淡水湖转化为咸水湖，进而成为盐湖。湖中生物也由淡水种类转化为咸水种类。若湖泊水量继续减少，盐湖可能全部变干，转化为盐沼或平原。

1. 青海湖

青海湖位于青藏高原的东北隅，古称"鲜水"、"西海"，是新构造断陷湖。青海湖目前东西长约 106 千米，南北最宽处为 63 千米，1959 年湖面面积约 4300 平方千米，近年来由于湖水位持续下降，湖面水域面积降至 4000 平方千米。青海湖的平均水深约 17 米，最大水深为 25.8 米，湖水容量约 82 立方千米，是我国最大的湖泊。

青海湖四面环山，是一个封闭的内陆湖，南为青海南山，东为日月山，西为阿木尼尼库山，北是大通山脉。青海湖有大小 50 多条河流注入其中，但多为季节性河流，其中最大的是布哈河，由西北流入；从北部流入的河流有沙柳河、哈尔盖河、乌哈阿兰河；由南部注入的河流有黑马河等。

青海湖水面辽阔，水天一色，水呈青绿色，因而汉族人民称其为"青海湖"。青海湖的湖滨四周是高寒灌丛草原和高寒草甸草原，是良好的牧场。

青海湖

提起青海湖，人们都会不由自主的想到鸟岛。鸟岛原本是靠近湖西岸的一个小岛，每年都吸引大批来自南亚次大陆、马来半岛的候鸟到此栖息和繁殖，现已建立了鸟类自然保护区，有各种鸟类约 10 万只。近年来，由于气候变干，湖水位持续下降，鸟岛已和岸边陆地相连变成了半岛。

2. 鄱阳湖

鄱阳湖古称彭蠡泽、彭泽或彭湖，位于江西省北部，湖盆由地壳陷落不断淤积而成，南北长约 110 千米，东西宽 50～70 千米，北部最狭窄处只有 5～15 千米，是我国第一大淡水湖。

鄱阳湖平水位（14～15 米）时面积为 3050 平方千米，高水位（21 米）时为 3583 平方千米，最大水深 16 米，而枯水时面积仅 500 平方千米，因而有"夏秋一水连天，冬春荒滩无边"之说。

鄱阳湖

流入鄱阳湖的河流主要有赣江、修水、鄱江、信江、抚江等，湖水经北部湖口注入长江。鄱阳湖对长江洪水有巨大的调节作用，可削减赣江洪峰流量的 15%～30%。

鄱阳湖水草丰美，有利于水生生物的繁殖，生活在其中的鱼类有 100 多种，主要是鲤鱼。湖滨盛产水稻、黄麻，是江西省的主要农业区。在鄱阳湖周围的南昌、都昌等地，建有面积为 22833 公顷的河蚌保护区，主要保护对象是三角河蚌、褶纹河蚌等。在鄱阳湖区建立的自然保护区，主要保护以白鹤等为主的珍稀候鸟。

3. 洞庭湖

洞庭湖位于湖南省北部的长江南岸，为我国第二大淡水湖。洞庭湖流域辽阔，汇水面积约 24.7 万平方千米，地跨湘、赣、粤、桂、黔、川、鄂 7 省（区），有湘江、资水、沅江和澧水等 4 条河流注入，湖水则经北面的城陵矶流入长江。长江大水时可倒灌进洞庭湖，大大减轻了以下两岸地区的洪水压力。

原洞庭湖号称我国第一大湖和第一大淡水湖。据记载，1825 年其面积约为 6000 平方千米，新中国成立初期的面积为 4500 平方千米。后来由于四条河流大量泥沙（每年约 1.28 亿吨）的带入和淤积，加上人们不断地围湖造田，湖面急剧缩小，水域面积只剩下 2691 平方千米，"八百里洞庭"也被分割成西洞庭湖、南洞庭湖和东洞庭湖，调蓄洪水的能力大为降低。

洞庭湖

洞庭湖的水位变动幅度特大，洪、枯水位相差达 13.6 米，因而有"霜落洞庭干"之说。洞庭湖是我国重要的淡水养殖基地之一，它的水产非常丰富，以鱼和湘莲著称。

洞庭湖航运便利，洞庭湖平原盛产稻米、棉花，是我国的重要农业区之一。洞庭湖自然风光秀丽，人文遗存和名胜古迹众多，有岳阳楼、君山、二妃墓和柳毅井等，其中君山已被列入自然保护区。

4. 太湖

太湖古称震泽，位于江苏省的南部，为我国第三大淡水湖，是一个典型的碟形浅水湖泊。太湖原是由长江等河流携带泥沙淤塞海湾而成的潟湖，后经江、浙两省百余条河流输入淡水的冲洗，逐渐演变成淡水湖。

太湖正常水位时，水面面积约 2250 平方千米，蓄水量为 2.72 立方千米，平均水深 1.94 米，最深 4 米。太湖接纳江浙众多河流，经苏州河和黄浦江等水道注入长江入海。太湖流域连接大小 200 多条河流，维系 180 多个湖泊，是江

趣味点击　洞庭湖词欣赏

洞庭青草，近中秋、更无一点风色。玉鉴琼田三万顷，着我扁舟一叶。素月分辉，明河共影，表里俱澄澈。悠然心会，妙处难与君说。

应念岭表经年，孤光自照，肝胆皆冰雪。短发萧骚襟袖冷，稳泛沧浪空阔。尽挹西江，细斟北斗，万象为宾客。扣舷独啸，不知今夕何夕。

—— 张孝祥《念奴娇·过洞庭》

南的水网中心。太湖是国内外著名的旅游胜地，也是周围大小城乡的重要水源地，水体的保护十分重要。

太湖流域土地肥沃，气候适宜，盛产茶叶、桑蚕、亚热带水果，是著名的"江南鱼米之乡"和"江南金三角"的腹心地区。

太湖有大小岛屿 40 多个。太湖的东岸与北岩山山水相连，山水风光秀美，著名景点有灵岩山、惠山、鼋头渚等。

太　湖

5. 呼伦池

呼伦池又称呼伦湖、达赉诺尔、达赉湖等。古代的《山海经》称其为"大泽"。唐代叫俱伦泊，元代叫阔夷海子，清代则称为库不楞湖，位于内蒙古的呼伦贝尔大草原上，是内蒙古最大的湖泊。

呼伦池长 80 千米，宽 30～40 千米，最大面积 2342.5 平方千米，湖面海拔 545 米，平均水深 5.7 米，最深约 10 米，流域面积为 11067.5 平方千米，蓄水量约为 12.3 立方千米。湖水水质良好，是一个微咸水内陆湖。湖中盛产鱼类，是内蒙古的一个大型湖泊渔场。

呼伦池

呼伦池在东南面接纳哈拉哈河与乌尔孙河，并通过其下游与贝尔湖相通；在西南面接纳克鲁伦河。在湖的北面原有木得那亚河与海拉尔河相连，1958 年为保护扎赉诺尔煤矿将其堵死，另开人工运河与海拉尔河沟通，并修筑闸门以控制水位。

6. 洪泽湖

洪泽湖位于江苏省洪泽县的西部，是我国的第四大淡水湖。洪泽湖地区古时原本是海湾，后来由于河流三角洲的发育而成为内陆，并在浅盆地上发育成湖荡群，其中一个较大的湖荡叫破釜塘，隋朝改为洪泽浦，唐朝始名洪泽湖。

洪泽湖平时湖面积为 2069 平方千米，平均水深只有 2 米，最深不过 5.5 米；而在大水水位 15.5 米时，湖的面积可扩大到 3500 平方千米。现在洪泽湖的年平均进出水量达 50 立方千米，主要是淮河来水。

洪泽湖

洪泽湖所在的淮河流域，历史上是个水患频发地区，现经过治理，加固了湖周围的大堤，防洪标准提高到水位 16 米，不仅解决了水患威胁，也使洪泽湖具有了灌溉、航运和渔业之利。

水能的开发利用

　　水不仅可以直接被人类利用，它还是能量的载体。太阳能驱动地球上水循环，使之持续进行。地表水的流动是重要的一环，在落差大、流量大的地区，水能资源丰富。

　　随着矿物燃料的日渐减少，水能是非常重要且前景广阔的替代资源。世界上水力发电还处于起步阶段。河流、潮汐、波浪以及涌浪等水运动均可以用来发电。也有部分水能用于灌溉。

　　水能资源最显著的特点是可再生、无污染。开发水能对江河的综合治理和综合利用具有积极作用，对促进国民经济发展，改善能源消费结构，缓解由于消耗煤炭、石油资源所带来的环境污染有重要意义，因此世界各国都把开发水能资源放在能源发展战略的优先地位。

早期的水能利用

在人们的生产中，水力机械具有不可替代的重要作用，这里所讲的水力机械主要包括2种：①将水位升高的机械，如农田中常见的刮车、筒车及龙骨水车等，这种水力机械成为几千年来中国农业的象征和农村的缩影，尤其是龙骨水车，它是中国所特有的；②利用水流能量来做功的机械，如水磨、水碓、水排、水力纺纱机和水轮机等。值得注意的是，水磨在东西方几乎同时诞生，而水碓为中国所特有。

◎ 水 车

水车是一种古老的提水灌溉工具。水车也叫翻车，车高10米多，由一根长5米，口径0.5米的车轴支撑着24根木辐条，呈放射状向四周展开。每根

辐条的顶端都带着一个刮板和水斗：刮板刮水，水斗装水。河水冲来，借着水势缓缓转动着10多吨重的水车，一个个水斗装满了河水被逐级提升上去。临顶，水斗又自然倾斜，将水注入渡槽，流到灌溉的农田里。水车外形酷似古代车轮。轮辐直径大的20米左右，小的也在10米以上，可提水高达15~18米。轮辐中心是合抱粗的轮轴，以及比木斗多一倍的横板。一般大水车可灌溉农田很多，小的也可灌溉一些。水车省工、省力、省资金，在古代可以算是最先进的灌溉工具了。

水 车

中国水车发展经历了 3 个阶段，中国正式记载中的水车，则大约到东汉时才产生。25 ~ 221 年，中国的毕岚发明翻车（又称龙骨水车）。还有一种说法，三国时魏人马均也有翻车的制造经历（裴松之注《三国志·魏书》）。不论翻车究竟首创于何人之手，总之，从东汉到三国翻车正式的产生，可以视为中国水车成立的第一阶段。水车的发展到了唐宋时代，在轮轴应用方面有很大的进步，能利用水力为动力，做出了筒车，配合水池和连筒可以使低水往高送。不仅功效更大，同时节省了宝贵的人力。这是中国水车发展的第二个阶段。到了元明时代，轮轴的发展更进步。一架水车不仅有 1 组齿轮，还有多至 3 组，更有"水转翻车"、"牛转翻车"或"驴转翻车"。至此，利用水力和兽力为驱动，使人力终于从翻车脚踏板上解放。同时，也因转轴、竖轮、卧轮等的发展，使原先只用水力驱动的筒车，即使在水量较不丰沛的地方，也能利用兽力而有所贡献。另外，还有"高转筒车"的出现。地势较陡峻而无法避开水塘的地方，也能低水高送，有所开发。这是中国水车发展的第三阶段。

兰州黄河水车是由我国明代时期的兰州人段续在吸收借鉴南方水车技术基础上创造制作的。与南方的龙骨水车不同，黄河水车酷似巨大的古式车轮。轮辐半径大的将近 10 米，小的也有 5 米，可提水达 15 ~ 18 米高处。轮辐中心是合抱粗的轮轴，轮轴周边装有两排并行的辐条，每排辐条的尽头装有一块

拓展阅读

《三国志》

《三国志》是西晋陈寿编写的一部主要记载魏、蜀、吴三国鼎立时期的纪传体国别史，详细记载了从魏文帝黄初元年（220）到晋武帝太康元年（280）六十年的历史，受到后人推崇。《三国志》不仅是一部史学巨著，更是一部文学巨著。陈寿在尊重史实的基础上，以简练、优美的语言为我们绘制了一幅幅三国人物肖像图。人物塑造得非常生动，可读性极高。

段续自造水车

段续，字绍先，号东川，兰州段家滩人，在任湖广参议时，见当地竹木所制的筒车，利用水力激轮旋转，提水灌田，功效显著，便详察其构造原理，绘制图样，走访农户，求教工匠，学习制造方法。晚年辞官后，返回兰州，自备木料，聘请工匠，按图仿制。但几番失败，几经修改图纸，终告成功。段续首次创建的一轮水车，安装在段家滩小南河，后人称之为"祖宗车"。此后，兰州黄河两岸农民均依式仿造，用水车浇灌农田，收效显著。

刮板，刮板之间挂有可以活动的长方形水斗。轮子两侧筑有石坝，其主要用途，一是为了固定架设水车的支架，二是为了向水车下面聚引河水。水车上面横空架有木槽。水流推动刮板，驱使水车徐徐地转动，水斗则依次舀满河水，缓缓上升，当升到轮子上方正中时，斗口翻转向下，将水倾入木槽，由木槽导入水渠，再由水渠引入田间。虽然它的提灌能力很弱，但因昼夜旋转不停，从每年三四月间河水上涨时开始，到冬季水位下降时为止，一架水车，大的可浇六七百亩（1亩等于100平方米）农田，小的也能浇地两三百亩，而且不需要其他能源，所以很受农民欢迎。在一个相当长的历史期内，黄河水车成为兰州黄河沿岸唯一的提灌工具。

段续

如今作为旅游景点的兰州黄河水车

基本小知识

丘 陵

丘陵为世界五大陆地基本地形之一，是指地球表面形态起伏和缓，绝对高度在500米以内，相对高度不超过200米，由各种岩类组成的坡面组合体。坡度一般较缓，切割破碎，无一定方向。

明朝之后，中国水车的发展便再没有多少特别的成就了。水车一物在中国农业发展中有很大贡献：它使耕地地形所受的制约大为减弱，实现丘陵地和山坡地的开发；不仅用之于旱时汲水，低处积水时也可用之以排水。

◎水 排

东汉时期，杜诗创造了利用水力鼓风铸铁的机械水排，

拓展阅读

杜 诗

杜诗，河南汲县（今卫辉）人。光武帝时，为侍御史。建武七年（31年），任南阳太守时，创造水排（水力鼓风机），以水力传动机械，使皮制的鼓风囊连续开合，将空气送入冶铁炉，铸造农具，用力少而见效多。他还主持修治陂池，广开田池，使郡内富庶起来。

这个水排是中国古代的一项伟大的发明，是机械工程史上的一大发明，早于欧洲1000多年。水排的其中一个转轮的左边装有一个两头粗、中间细的小轮，小轮的一边通过传送皮带和转轮相连，另一边通过顶部的曲柄和左边的杠杆相连，从而实现了转轮和皮带之间的传动。

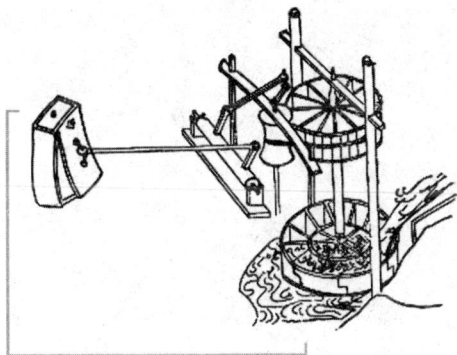

水 排

你知道吗

《太平御览》

《太平御览》是宋代一部著名的类书，为北宋李昉、李穆、徐铉等学者奉敕编纂。《太平御览》采以群书类集之，凡分五十五部五百五十门而编为千卷，所以初名为《太平总类》；书成之后，宋太宗日览三卷，更名为《太平御览》。全书以天、地、人、事、物为序，分成五十五部，可谓包罗古今万象。书中共引用古书一千多种，保存了大量宋以前的文献资料，但其中十之七八已经散失，更使本书显得弥足珍贵。

◎水 碓

在水排的基础之上，又出现了利用水力把粮食皮壳去掉的机械——水碓。水碓，又称机碓、水捣器、翻车碓、斗碓或鼓碓水碓，是脚踏碓机械化的结果。最早提到水碓的是西汉桓谭的著作。《太平御览》引桓谭《新论·离事第十一》说："伏义之制杵臼之利，万民以济。及后世加巧，延力借身重以践碓，而利十倍；又复设机用驴骡、牛马及投水而舂，其利百倍。"这里讲的"投水而舂"，就是水碓。从《新论》一书来看，早在公元前后，水轮带动杆碓，已非新奇之事。汉顺帝永建四年（129年），尚书仆射虞诩上疏，建议在陇西羌人住地筑河槽、造水碓。从此边远地区遍布"水舂河漕"、"用功省少，军粮饶足"，更有甚者，晋王爵公主的水碓多到"遏塞流水，转为浸害"，以致不得不下令罢造水碓，方使百

拓展阅读

《天工开物》

《天工开物》初刊于1637年。《天工开物》是世界上第一部关于农业和手工业生产的综合性著作，是中国古代一部综合性的科学技术著作。作者是明朝科学家宋应星。作者在书中强调人类要和自然相协调，人力要与自然力相配合。它是中国科技史料中保留最为丰富的一部，它更多地着眼于手工业，反映了中国明朝末年出现资本主义萌芽时期的生产力状况。

姓获其便利。西汉末年出现的水碓，是利用水力舂米的机械。水碓的动力机械是一个大的立式水轮，轮上装有若干板叶，转轴上装有一些彼此错开的拨板，拨板是用来拨动碓杆的。每个碓用柱子架起一根木杆，杆的一端装一块圆锥形石头。下面的石臼里放上准备加工的稻谷。流水冲击水轮使它转动，轴上的拨板臼拨动碓杆的梢，使碓头一起一落地进行舂米。

水　碓

利用水碓，可以日夜加工粮食。凡在溪流江河的岸边都可以设置水碓，还可根据水势大小设置多个水碓，设置 2 个以上的叫作连机碓。魏末晋初，杜预总结了我国劳动人民利用水排原理加工粮食的经验，发明了连机碓。最常用的是设置 4 个碓，《天工开物》绘有 1 个水轮带动 4 个碓的画面。

◎水　磨

水碓发明后不久，又发明了水磨，即用水力作为动力的磨。水磨的动力部分是一个卧式水轮，在轮的主轴上安装磨的上扇，流水冲动水轮带动磨转动。在欧洲，利用水力驱动磨石加工谷物的最早记载是公元前 1 世纪的古希腊时期。涡形轮和诺斯水磨等新的流体机械出现，主要用来磨谷物，靠水流推动方叶轮而转动，其功率不到 0.5 马力（1 马力约合 0.735 千瓦）。公元前 100 年，罗马功率较大的维特鲁维亚水磨出现，水轮靠下冲的水流推动，通过适当选择大小齿轮的齿数，

你知道吗

雍　州

雍州，是中国古代九州之一，史料记载，其名来自于陕西省凤翔县境内的雍山、雍水。雍州，一般是指现在陕西省中北部、甘肃省（除去东南部）、青海省的东北部和宁夏回族自治区一带的地方。

就可调整水磨的转速，其功率约3马力，后来提高到50马力，成为当时功率最大的原动机。而在中国，对水力利用最早的记载则是在公元纪年前后的汉代。我们的祖先制造了木制的水轮，在此基础上，到了晋代，我国发明了水磨。利用流水冲击水轮转动从而带动水磨来碾谷、磨面，流水的动能通过带动水轮转化为水轮的动能。祖冲之在南齐明帝建武年间（494—498）于建康城（今南京）乐游苑造水碓磨，这显然是以水轮同时驱动碓与磨的机械。可见水磨自汉代以来，发展蓬勃，而到三国时代，多功能水磨机械已经诞生成型。

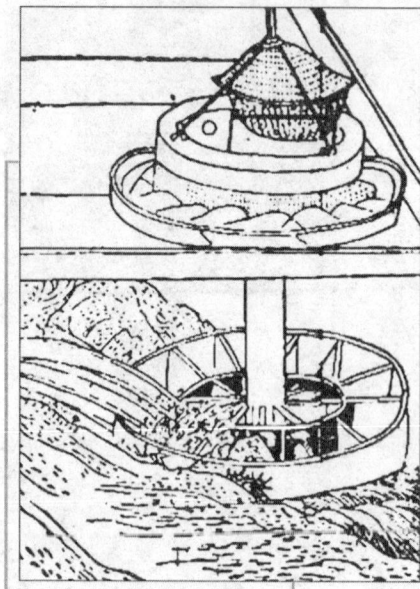

水　磨

随着机械制造技术的进步，人们发明了一种构造比较复杂的水磨：一个水轮能带动几个磨转动，这种水磨叫作水转连机磨。从机械角度来看，它是由水轮、轴和齿轮联合传动的机械。动力机械是一个立轮，在轮轴上安装一个齿轮，与磨轴下部平装的一个齿轮相衔接，水轮的转动是通过齿轮使磨转动的。水磨是水力发电动力原理的原始形式。

◎ 水力纺纱机

一般来看，英国工业革命以水力纺纱机的发明和使用为开端。那么，到底是谁首先发明和使用了水力纺纱机？是18世纪中期英国的阿克莱，还是我国元代的无名工匠？

据记载，世界上最早发明和使用的水力纺纱机，并非工业革命初期英国的阿克莱水力纺纱机，而是元代中国的水转大纺车。以水转大纺车为代表的中国机械技术知识传到欧洲后，对以阿克莱水力纺纱机为代表的近代机器的发明产生了重要的促进作用。虽然水转大纺车在元代以后在中国并未销声匿迹，但未能像阿克莱水力纺纱机那样引起一系列重大影响。

知识小链接

工业革命

　　工业革命，又称产业革命，发源于英国中部地区，是指资本主义工业化的早期历程，即资本主义生产完成了从工场手工业向机器大工业过渡的阶段。工业革命是以机器取代人力，以大规模工厂化生产取代个体工场手工生产的一场生产与科技革命。由于机器的发明和运用成为了这个时代的标志，因此历史学家称这个时代为"机器时代"。

　　水转大纺车，是中国古代水力纺纱机械。大约发明于南宋后期，元朝盛行于中原地区，是当时世界上先进的纺纱机械。关于水转大纺车使用情况的记载，在王祯《农书》中有翔实的记载。王祯把这种水力纺纱机称为"水转大纺车"，详细地介绍了其结构、性能以及当时的使用情况，并且附有简要图样，从而以确凿的证据，证实了世界上最早的水力纺纱机的存在。水转大纺车专供长纤维加捻，主要用于加工麻纱和蚕丝。麻纺车形制较大，估计全长约9米，高2.7米左右（丝纺车规格稍小）。它与人力纺车不同，装有锭子32枚，结构比较复杂和庞大，有加捻、水轮、传动装置等4个部分。用两条皮绳传动使32枚纱锭运转。这种纺车用水力驱动，工效较高，

拓展阅读

《农书》

　　《农书》是元代王祯总结中国农业生产经验的一部农学著作，也是一部从全国范围内对整个农业进行系统研究的巨著。《农书》成书于1313年，明代初期被编入《永乐大典》。《农书》兼有南北农业技术，对土地利用方式和农田水利叙述颇详，并广泛介绍各种农具，是一本很有价值的书籍。

王祯的《农书》称每车每天可加捻麻纱 50 千克。

根据王祯的记述，这种水转大纺车已经是一种相当成熟的机器。它已具备了马克思所说的"发达的机器"所必备的 3 个部分——发动机、传动机构和工具机。它的发动机为水轮。王祯说的水转大纺车的水轮与水转碾磨工法相同，而中国的水转碾磨在

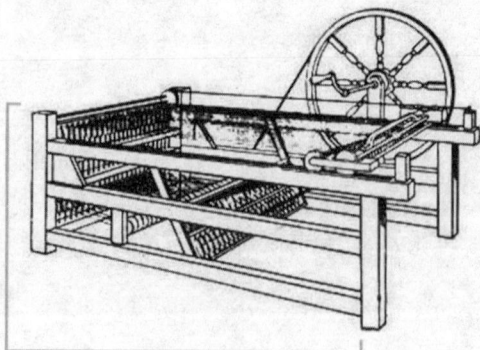

水转大纺车（王祯《农书》）

元代之前已有上千年的发展历史，从工艺上来说相当成熟。水转大纺车的传动机构由 2 个部分组成：传动锭子和传动纱框，用来完成加捻和卷绕纱条的工作。工作机与发动机之间的传动，则由导轮与皮弦等组成。按照一定的比例安装并使用这些部件，可做到"弦随轮转，众机皆动，上下相应，缓急相宜"。工具机即加捻卷绕机构，由车架、锭子、导纱棒和纱框等构成。为了使各纱条在加捻卷绕过程中不致相互纠缠，在车架前面还装置了 32 枚小铁叉，同时还可使纱条成型良好。这里要指出的是，水转大纺车的工具机所达到的工艺技术水平，即使是用 18 世纪后期英国工业革命时代纺纱机器中的工具机为尺度来衡量也是非常卓越的。例如著名的"珍妮"纺纱机最初仅拥有 8 个纱锭，后来才增至 12 ~ 18 个纱锭，而水转大纺车却拥有 32 个纱锭。"珍妮"纺纱机仅可靠人力驱动，而水转大纺车却可以水力、畜力或人力为动力。而且，水转大纺车虽然是用于纺麻，但稍作修改，缩小尺寸，又可用来捻丝，因而具有相当好的适应性。这种纺纱机在构造上非常卓

"珍妮"纺纱机

越，因此博得了李约瑟的高度赞扬，认为它"足以使任何经济史家叹为观止"。由于水转大纺车确实已达到很高水平，因此它的工作性能颇佳，工作效率甚高。

1768 年，阿克莱特发明了卷轴纺纱机，因为它以水力为动力，不必用人操作，所以又称为水力纺纱机。水力纺纱机纺出的纱坚韧而结实，解决了生产纯棉布的技术问题。1769 年，阿克莱特建立了最早使用机器的水力纺纱厂，有实用价值的阿克莱特水力纺纱机方定

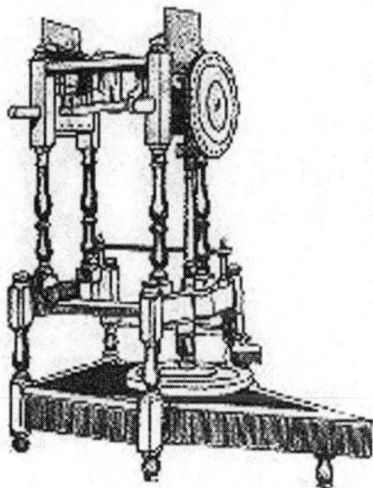

水力纺纱机

拓展阅读

李约瑟

李约瑟（1900—1995），英国人，剑桥大学李约瑟研究所名誉所长。1954 年，李约瑟出版了《中国科学技术史》第一卷，轰动西方科学界。他在这部有三十四分册的系列巨著中，以浩瀚的史料、确凿的证据向世界表明："中国文明在科学技术史上曾起过从来没有被认识到的巨大作用"，"在现代科学技术登场前十多个世纪，中国在科技和知识方面的积累远胜于西方"。

型并推广。但是水力纺纱机体积很大，纺出的纱太粗，还需要加以改进。后来，童工出身的塞缪尔·克隆普顿将阿克莱特发明的水力纺纱机与哈格里夫斯发明的"珍妮"纺纱机加以改进并结合，于 1779 年发明出更优良的改良水力纺纱机——骡机。骡机集中了水力纺纱机和"珍妮"纺纱机的优点，不仅可推动 300～400 个纱锭，而且纺出的棉纱柔软、精细又结实，很快得到应用。

纯棉布

　　纯棉布是相对于涤棉等混纺布而言的。纯棉布泛指以棉花为原材料纺织而成的布料。纯棉布具有良好的吸湿性和透气性；布面光泽柔和；手感较为柔软但不光滑；纯棉布的坯布布面还有棉籽屑等细小杂质；易皱，用手抓紧后松开会产生明显折皱，而且不易恢复。

广角镜

齿轮的历史

　　据史料记载，远在公元前400～公元前200年的中国古代就已经开始使用齿轮。在我国山西出土的青铜齿轮是迄今已发现的最古老齿轮。作为反映古代科学技术成就的指南车就是以齿轮为核心的机械装置。17世纪末，人们才开始研究能正确传递运动的齿轮形状。18世纪，英国工业革命以后，齿轮传动的应用日益广泛。先是发展摆线齿轮，而后是渐开线齿轮，一直到20世纪初，渐开线齿轮已在应用中占了优势。

　　1785年，卡特莱特在水力纺纱机和骡机的启发下，发明了水力织布机。新的水力织布机的工效要比原来带有飞梭的人力织布机高40倍。水力织布机的发明，又暂时缓和了织布机落后的矛盾，纺纱机与织布机就像一对相互啮合的齿轮，在相互作用中共同发展。

　　由水力驱动的纺纱机和织布机，其工厂必须建造在河边，而且受河流水量的季节差影响，造成生产不稳定，这就促使人们研制新的动力驱动机械。

◎ 水轮机

　　水轮机作为一种水力原动机有着悠久的历史。它是一种把水流的能量转换为旋转机械能的动力机械。早在公元前100年前后，中国就出现了水轮机的雏形——水轮，用于提灌和驱动粮食加工器械。2世纪，人们在欧洲罗马的运河上也已经建有浸在水中由水轮带动的水磨。这些水轮都是利用水流的重

力作用或者借助水流对叶片的冲击
而转动，因此它们尺寸大、转速低、
功率小、效率低。

　　15世纪中期到18世纪末，水力
学的理论开始有了发展，随着工业
的进步，要求有功率更大、转速更
快、效率更高的水力原动机。1745
年英国学者巴克斯、1750年匈牙利
人辛格聂尔分别提出一种依靠水流

骡机

反作用力工作的水力原动机，但是其效率只有50%左右。原因是转轮进口没
有导向部分，存在撞击损失；转轮出口无回收动能的装置，动能未得到充分
利用。

　　1751～1755年，俄国圣彼得堡科学院院士欧拉首先分析了辛格聂尔水轮
的工作过程，发表了著名的叶片式机械的能量平衡方程式（欧拉方程）。这个
方程式直到今天仍被称为水轮机的基本方程。欧拉所建议的原动机已经有导
向部分，但出口流速仍很大，效率仍然不高。

　　1824年，法国学者勃尔金发明一种水力原动机，并第一次成为水轮机，它
有导向部分，转轮改进成由弯板制成的叶道，但由于转轮高度太大，叶道太长，
水力损失大，使效率低于65%。1827～1834年，勃尔金的学生富聂隆和俄国人
萨富可夫分别提出导叶不动的离心式水轮机，效率可达70%，直到20世纪它一
直得到广泛的利用。但其缺点是导向机构在转轮内，故转轮直径大，转速低，
出口动能损失大。1837年德国的韩施里、1841年法国的荣华里提出采用吸出管
（尾水管）的轴向式水轮机，吸出管是圆柱形，可以使转轮安装在下游水位以
上，但还是不能利用转轮出口动能。直到1847～1849年美国法兰西斯提出的一
种水流由外向内流动的向心式水轮机，其导向机构在转轮外部，尾水管呈圆锥
形，尺寸小，转速高。以后在实践中对向心式水轮机不断改进和完善，才发
展成现代最广泛使用的混流式水轮机，也称为弗朗西斯式水轮机。

随着工业技术的发展，人们利用压力钢管等能集中越来越高的水头，但是强度和气蚀问题限制了混流式水轮机应用水头的提高。1850 年施万克格鲁提出的辐向单喷嘴冲击式水轮机和 1851 年希拉尔提出的辐向多喷嘴冲击式水轮机，是最早出现的冲击式水轮机，但它们的斗叶形状不够好，尺寸较大，效率较低。

知识小链接

气　蚀

气蚀又称穴蚀。流体在高速流动和压力变化条件下，与流体接触的金属表面上发生洞穴状腐蚀破坏的现象。常发生在如离心泵叶片叶端的高速减压区，在此形成空穴，空穴在高压区被压破并产生冲击压力，破坏金属表面上的保护膜，而使腐蚀速度加快。气蚀的特征是先在金属表面形成许多细小的麻点，然后逐渐扩大成洞穴。

1880 年，美国人培尔顿提出了采用双曲面水斗的冲击式水轮机。在最初的结构中，不是采用针阀调节流量而是用装在喷嘴前的闸门开关来控制，因而水力损失大。经过不断改进和完善才形成今天的切击式水轮机。这种水轮机结构强度优于混流式，在大气中工作，应用水头不受气蚀条件限制，所以适用于高水头电站。

1750～1880 年，水轮机从低级发展成比较完善的现代水轮机，这是社会生产发展和人类共同努力的结果，这个时期主要解决了加大水轮机的过流量和提高水轮机效率两方面的问题。现代水轮机发展的趋势是提高单机容量、比转速和应用水头。提高单机容量可以降低水轮机单位容量的造价。提高水轮机比转速可以增大机组的过流能力，使水轮发电机体积小，重量轻，节省金属材料和制造工时，从而降低了成本，尤其对大容量的机组更有很大好处。高比转速水轮机在同样水头的转轮直径的条件下能发出更多的出力。但是，由于它的过流能力大，空化和强度条件较差，所以它适用水头较低。如果能改善它的空化性能和强度条件就能提高它的应用水头，扩大使用范围。

空 化

空化是指液体内局部压强降低到液体的饱和蒸气压时，液体内部
或液固交界面上出现的蒸气或气体空泡的形成、发展和溃灭的过程。

　　1889 年，美国的佩尔顿发明了水斗式水轮机。1912 年，捷克斯洛伐克人
卡普兰提出了一种转轮带有外轮环，叶片固定的螺旋桨式水轮机，这种水轮
机把转轮移到轴向位置，大大减少了叶片数，因而过流量加大，转速也提高
了。1916 年，卡普兰又提出取消外轮环，并采用使叶片转动的机构，进一步
提高过流量和平均效率，经过不断完善最终形成了现代的轴流转桨式水轮机。
1917 年，匈牙利的班克提出双击式水轮机。1920 年，奥地利的卡普兰发明轴
流转桨式水轮机。1921 年，英国人仇戈提出斜击式水轮机，它们的结构简单，
但效率低于切击式，适用于小型水电站。20 世纪 40 年代，为了开发低水头的
水力资源，出现了贯流式水轮机。它在轴流式的基础上，取消蜗壳，引水室
变成了一条管子，导水机构放到轴向位置，机组改为卧式，使得过流量进一
步提高，损失减少，尺寸缩小。1950 年前苏联克维亚特科夫斯基教授、1952
年瑞士人德列阿兹在英国分别提出斜流式水轮机。由于它能双重调节，具有
适用水头高于轴流式，效率高于混流式等优点，因此逐步得到推广和应用。
第一台斜流式水轮机由德列阿兹研制成功，1957 年在加拿大亚当别克蓄能电
站投入运行。近年日本在斜流式水轮机生产上发展很快。

　　水轮机应具有良好的能量特性和空化特性，并具有高的比转速，然而这
三者之间是相互矛盾的。因为水轮机比转速的提高通常会带来效率下降和空
化性能变坏，这是由于过流能力的加大会使水轮机流道中水流相对速度大大
提高。因此我们应从设计方法、制造工艺、材料性能等多方面进行深入的研
究，寻求合理地解决矛盾的途径。

　　随着科学技术的不断发展，人们能制造越来越大的水轮机，如轴流式水轮

机的叶轮，它的轴竖直地装在轴承上，轴的下端有 3 ~ 6 片轮叶，当水沿着轴的方向流过来冲击叶轮时，水流的大部分动能传递给水轮机，带动发电机发电。现代的大型水轮机不但功率大，可达几十万千瓦，而且效率高达 90% 以上。

20 世纪 80 年代初，世界上单机功率最大的水斗式水轮机装于挪威悉·西马电站，其单机容量为 315 兆瓦，水头 885 米，转速为 300 转/分，于 1980 年投入运行。水头最高的水斗式水轮机装于奥地利的赖瑟克山电站，其单机功率为 22.8 兆瓦，转速 750 转/分，水头达 1763.5 米，1959 年投入运行。

20 世纪 80 年代，世界上尺寸最大的转桨式水轮机是我国制造的，装在我国长江中游的葛洲坝电站，其单机功率为 170 兆瓦，水头为 18.6 米，转速为 54.6 转/分，转轮直径为 11.3 米，于 1981 年投入运行。世界上水头最高的转桨式水轮机装在意大利的那姆比亚电站，其水头为 88.4 米，单机功率为 13.5 兆瓦，转速为 375 转/分，于 1959 年投入运行。

世界上水头最高的混流式水轮机装于奥地利的罗斯亥克电站，其水头为 672 米，单机功率为 58.4 兆瓦，于 1967 年投入运行。功率和尺寸最大的混流式水轮机装于美国的大古力第三电站，其单机功率为 700 兆瓦，转轮直径约 9.75 米，水头为 87 米，转速为 85.7 转/分，于 1978 年投入运行。

世界上最大的混流式水泵水轮机装于德国的不来梅蓄能电站。它的水轮机水头 237.5 米，发电机功率 660 兆瓦，转速 125 转/分，水泵扬程 247.3 米，电动机功率 700 兆瓦，转速 125 转/分。

世界上容量最大的斜流式水轮机装于前苏联的洁雅电站，单机功率为 215 兆瓦，水头为 78.5 米。

◎ 水能的综合利用：都江堰水利工程

都江堰坐落于四川省都江堰市城西，位于成都平原西部的岷江上。都江堰水利工程建于公元前 256 年，是全世界迄今为止，年代最久、唯一留存、以无坝引水为特征的大型水利工程。

都江堰水利工程由创建时的鱼嘴分水堤、飞沙堰溢洪道、宝瓶口引水口三大主体工程和百丈堤、人字堤等附属工程构成。它科学地解决了江水自动分流、自动排沙、控制进水流量等问题，消除了水患，使川西平原成为"水旱从人"的"天府之国"。2000多年来，一直发挥着防洪灌溉的作用。

那么，为什么要修建都江堰水利工程呢？都江堰水利工程又是谁修建的呢？岷江是长江上游的一条较大的支流，发源于四川北部高山地区。每当春夏山洪暴发的时候，江水奔腾而下，从都江堰市进入成都平原，由于河道狭窄，古时常常引发洪灾，洪水一退，又是沙石千里。而都江堰市岷江东岸的玉垒山又阻碍江水东流，造成东旱西涝。

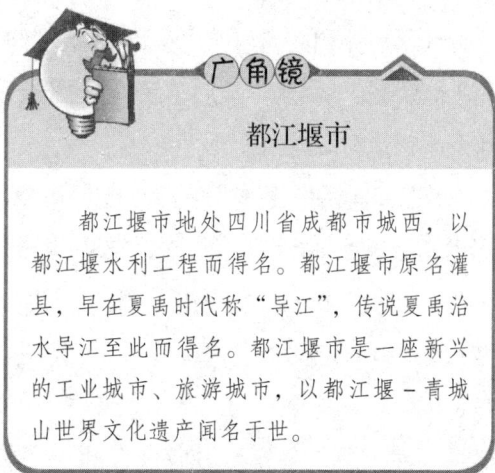

广角镜

都江堰市

都江堰市地处四川省成都市城西，以都江堰水利工程而得名。都江堰市原名灌县，早在夏禹时代称"导江"，传说夏禹治水导江至此而得名。都江堰市是一座新兴的工业城市、旅游城市，以都江堰－青城山世界文化遗产闻名于世。

公元前256年，秦国蜀郡太守李冰和他的儿子，吸取前人的治水经验，率领当地人民，主持修建了著名的都江堰水利工程。都江堰的整体规划是将岷江水流分成两条，其中一条水流引入成都平原，这样既可以分洪减灾，又可以引水灌溉、变害为利。主体工程包括鱼嘴分水堤、飞沙堰溢洪道和宝瓶口引水口。

首先，李冰父子邀集了许多有治水经验的农民，对地形和水情做了实地勘察，决心凿穿玉垒山引水。由于当时还未发明火药，李冰便以火烧石，使岩石爆裂，终于在玉垒山凿出了一个宽20米，高40米，长80米的山口。因其形状酷似瓶口，故取名"宝瓶口"，把开凿玉垒山分离的石堆叫"离堆"。

宝瓶口引水工程完成后，虽然起到了分流和灌溉的作用，但因江东地势较高，江水难以流入宝瓶口，李冰父子又率领大众在离玉垒山不远的岷江上游和江心筑分水堰，用装满卵石的大竹笼放在江心堆成一个形如鱼嘴的狭长小岛。鱼嘴把汹涌的岷江分隔成外江和内江，外江排洪，内江通过宝瓶口流入成都平原。

为了进一步起到分洪和减灾的作用，李冰父子在分水堰与离堆之间，又修建了一条长 200 米的溢洪道流入外江，以保证内江无灾害，溢洪道前修有弯道，江水形成环流，江水超过堰顶时洪水中夹带的泥石便流入到外江，这样便不会淤塞内江和宝瓶口水道，故取名飞沙堰。

为了观测和控制内江水量，李冰又雕刻了三个石桩人像，放于水中，以"枯水不淹足，洪水不过肩"来确定水位。还凿刻石马置于江心，以此作为每年最小水量时淘滩的标准。

都江堰水利工程充分利用当地西北高、东南低的地理条件，根据江河出山口处特殊的地形、水文，乘势利导，无坝引水，自流灌溉，使堤防、分水、泄洪、排沙、控流相互依存，共为体系，保证了防洪、灌溉、水运和社会用水综合效益的充分发挥。都江堰建成后，成都平原沃野千里，"水旱从人，不知饥馑，时无荒年，谓之天府"。都江堰水利工程的创建，以不破坏自然资源，充分利用自然资源为人类服务为前提，变害为利，使人、地、水三者高度协调统一。

都江堰水利工程至今仍发挥着重要作用。随着科学技术的发展和灌溉区范围的扩大，从 1936 年开始，人们逐步改用混凝土浆砌卵石技术对渠首工程进行维修、加固，增加了部分水利设施，而古堰的工程布局和"深淘滩、低作堰"，"乘势利导、因时制宜"，"遇湾截角、逢正抽心"等治水方略没有改变，都江堰水利工程成为世界上最佳水资源利用的典范。

水利专家们仔细观看了整

拓展阅读

李冰与凿井煮盐

李冰任蜀郡太守期间，对该地其他经济建设也做出了贡献。李冰"识察水脉，穿广都（今成都双流）盐井诸陂地，蜀地于是盛有养生之饶"。在此之前，川盐开采处于非常原始的状态，多依赖天然咸泉、咸石。李冰创造凿井煮盐法，结束了巴蜀盐业生产的原始状况。这也是中国史籍所记载最早的凿井煮盐的记录。

个工程的设计后，都对它的高度的科学水平惊叹不止。比如飞沙堰的设计就是很好地运用了回旋流的理论。这个堰，平时可以引水灌溉，洪水时则可以排水入外江，而且还有排砂石的作用，有时很大的石块也可以从堰上滚走。当时没有水泥，这么大的工程都是就地取材，用竹笼装卵石作堰，费用较省，效果显著。

都江堰水利工程不仅是举世闻名的中国古代水利工程，也是著名的风景名胜区。都江堰水利工程意义如此重大，那么，它的名字是怎样来的呢？蜀郡太守李冰建堰初期，都江堰名叫"湔堋"，这是因为都江堰旁的玉垒山，秦汉以前叫"湔山"，而那时都江堰周围的主要居住民族是氐羌人，他们把堰叫"堋"，都江堰就叫"湔堋"。

三国蜀汉时期，都江堰地区设置都安县，因县得名，都江堰称"都安堰"。同时，又叫"金堤"，这是突出鱼嘴分水堤的作用，用堤代堰作名称。

唐代，都江堰改称为"楗尾堰"。因为当时用以筑堤的材料和办法，主要用竹笼装石，称为"楗尾"。

《括地志》说："都江即成都江。"从宋代开始，人们把整个都江堰水利工程概括起来，叫都江堰。这个名字也就一直沿用至今。

◑ 近现代水能的开发方式

水能利用是水资源综合利用的一个重要组成部分。近代大规模的水能利用，往往涉及整条河流的综合开发，或涉及全流域甚至几个国家的能源结构和规划等。它与国家的工农业生产和人民的生活水平提高息息相关。

根据具体情况的不同，对水能的开发也要采取相应的不同措施，归纳起来主要有坝式开发、水上运输、引水式开发、混合式开发、河流梯级开发、跨流域开发等。下面分别予以详细阐释。

◎ 坝式开发

坝式开发，指在河流峡谷处拦河筑坝，坝前壅水，在坝址处集中落差形成水头，又叫蓄水式开发。它的优点是筑坝形成水库，可调节流量，电站引用流量大，电站规模也大，水能利用程度充分；缺点是水头受坝高限制，筑坝工程量大，形成水库会造成库区淹没，投资大，工期长。坝式开发适用于河道坡降较缓、流量较大、有筑坝建库条件的河段。

知识小链接

峡 谷

峡谷是深度大于宽度谷坡陡峻的谷地。它是"V"形谷的一种。峡谷一般发育在构造运动抬升和谷坡由坚硬岩石组成的地段。当地面隆起速度与下切作用协调时，易形成峡谷。中国长江的三峡，黄河干流的刘家峡、青铜峡等，是修建水库坝址的理想地段。

◎ 水上运输

水上运输是利用船舶、排筏和其他浮运工具，在江河、湖泊、人工水道以及海洋上运送旅客和货物的一种运输方式。

水上运输

水上运输包括内河运输和海洋运输，以其历史悠久而有交通运输"祖先"之称。18世纪曾在交通运输业生产中占主要地位。水运具有投资少、成本低、货运量大、占地少等优点，好的航道通过能力几乎可不受限制，通用性好，可作为大型、笨重和大宗长途货运的主要承担者。内河航运建设与防洪、排涝、灌溉、发电、渔业、旅游等统筹规划，可收到综合开发利用自然资源之效。但水运受自然条件影响大，如有些内河航道和海港由于冬季结冰而只能停航；有些内河航道的走向往往与运输的经济要求不一致；有些内河航道水位洪枯变化大，影响了航运利益的发挥。当前，综合运输已成为世界交通运输发展的大趋势，现代化综合运输网的建设，为充分发挥水运优势创造了条件。

水上运输分为海洋运输和内河运输两大类。海洋运输是各国对外贸易的主要运输方式，据联合国贸发会议发表的报告，1995 年世界货物海运量达创纪录的 46.5 亿吨。海运的结构模式是"港口—航线—港口"，通过国际航线和大洋航线连接世界各地的港口，其所形成的运输网络，对区域经济的世界化和世界范围内的经济联系发挥着极其重要的作用。

内河运输是利用河流形成的自然优势，以航运作为发展流域经济的先导，这在世界范围内可说是个共同规律。工业革命时期，世界上各主要资本主义国家无不出现过河运热。目前，发达国家内河运输一般都很发达，世界上几条著名的通航河流如密西西比河、莱茵河、伏

海洋集装箱运输

尔加河即分别代表了美国、德国、俄罗斯（欧洲部分）等国家及地区内河航运所达到的水平。

美国内河航运的巨大发展使美国成为世界上交通运输业最发达的国家之一，其中内河运输在全国运输结构中虽不占最大比重，如 1992 年为 15.35%，仅高于国内航空，但其货运周转量却达到了 6628 亿吨千米，居世界之首。从历史上看，美国交通运输业的大发展，按运输方式划分的顺序，是以水运为先。

美国是个河流湖泊众多的国家，共有 26 个大小水系，可通航河道总长约

内河运输

4.2万千米，五大湖的湖岸线长约4296千米，远洋船舶经由圣劳伦斯深水航道可驶入五大湖，这些都为美国水上运输的发展提供了得天独厚的自然条件。一个多世纪之前，横跨美国北部边境的五大湖，通过与南岸各州的许多运河和天然河流联结成的巨大水运网，就曾经在美国国内交通运输上起过很大作用。

基本小知识

五大湖

在加拿大和美国交界处，有五个大湖，这就是闻名世界的五大淡水湖。它们按大小分别为苏必利尔湖、休伦湖、密歇根湖、伊利湖和安大略湖。

五大湖总面积约245660平方千米，是世界上最大的淡水水域。它也是最大的淡水湖群，有美洲大陆的地中海之称。五大湖流域面积约为766100平方千米，南北延伸近1110千米，从苏必利尔湖西端至安大略湖东端长约1400千米。湖水大致从西向东流，注入大西洋。除密歇根湖和休伦湖水平面相等外，各湖水面高度依次下降。而且除密歇根湖外均为美、加共有。其中苏必利尔湖是世界上最大的淡水湖。五大湖是始于约100万年前的冰川活动的最终产物。现在的五大湖位于当年被冰川活动反复扩大的河谷中。地面大量的冰也曾将河谷压低。现在的五大湖是更新世后期该地区陆续形成许多湖泊的最后阶段。

为了充分地利用水运的便利，美国早年便着手修建了大量的运河，从1817年开始修建著名的伊利运河到1909年便共开运河7454千米。伊利运河把伊利湖东端的布法罗与哈德孙河上的奥尔巴尼城连接起来。于是，沿湖城市如布法罗、克利夫兰、底特律、芝加哥等得到迅速发展，可与较老的匹兹堡、辛辛那提和新奥尔良诸城相匹敌。纽约市也因此而高速发展，取代费城成为美国最大的对外港口。此后，美国各州兴起了修建运河热，通过运河再把伊利湖与俄亥俄河连接起来，这样，从纽约市出发的船舶可直达南部濒临墨西哥湾的新奥尔良。在美国大规模修建铁路的时代（南北战争结束后）到来之前，内河与湖泊航运是美国国内进行物资交流的主要运输方式，尤其是五大湖的水运，对美国早期经济的发展起了重要的促进作用。

美国还通过近一个多世纪，特别是近半个多世纪以来对密西西比河航道的治理，发展了密西西比河的航运事业。经过治理的密西西比河航道，基本上实现了航道统一标准化。现在密西西比河航运价值极大，整个水系水深2.75米的航道达1万千米以上，可航水路总长2.5万千米（水深1.2米），形成了一个以密西西比河为主干，北接五大湖，并经圣劳伦斯航道通大西洋，南连墨西哥湾，河湖海连成一片的巨大的内河航道系统。20世纪80年代初，在美国4万多千米通航河道中，有2.4万千米河道水深达到了2.75米的标准，并且美国还在陆续实施浚深航道的新的规划，从而推动内河航运不断向前发展。

长江是我国第一大河，干流在我国中部横贯东西，全长约6300千米，跨三大经济地带，成为西南、华中、华东三大区交通运输大动脉。长江支流派系繁多，从南北汇入，构成我国乃至世界著名的内河水运系统，航道里程达7万余千米，占全国内河通航总里程的70%。新中

长　江

国成立以来，长江航运事业有了很大发展，为我国的经济建设和国防建设做出了重要贡献。几十年来，长江航道部门每年对干流航道进行整治与维护，以确保枯水季节航运畅通。对长江的开发与治理，目前有关方面正本着水资源综合利用的原则，全面规划，统筹安排，为逐步实现干支流梯级渠化，建成统一标准的内河航道网创造条件。20世纪80年代中期起，第一个长江水系航运发展规划逐步付诸实施。规划实现后，将使千吨级船舶由上海直驶宜宾，全线港口吞吐量将达到7亿多吨，各类船舶客位，载重吨都将有较大的增加。

知识小链接

港口吞吐量

港口吞吐量指1年间经水运输出、输入港区并经过装卸作业的货物总量，单位为吨。港口吞吐量，是反映港口生产经营活动成果的重要数量指标。港口吞吐量的流向构成、数量构成和物理分类构成是港口在国际、地区间水上交通链中的地位、作用和影响的最直接体现，也是衡量国家、地区、城市建设和发展的量化参考依据。港口吞吐量按大类可分为货物吞吐量和旅客吞吐量。港口吞吐量是衡量港口规模大小的最重要的指标。反映在一定的技术装备和劳动组织条件下，一定时间内港口为船舶装卸货物的数量，以吨数来表示。

水上运输具有下列的优点：

1. 水运主要利用江河、湖泊和海洋的"天然航道"来进行。水上航道四通八达，通航能力几乎不受限制，而且成本低。

2. 水上运输可以利用天然的有利条件，实现大吨位、长距离的运输。因此，水运的主要特点是运量大，成本低，非常适合于大宗货物的运输。

3. 水上运输是开展国际贸易的主要方式，是发展经济和友好往来的主要交通方式。

◎引水式开发

引水式开发，指在河流坡降较陡的河段上游，通过人工建造的引水道引水到河段下游集中落差，再经压力管道，引水至厂房。引水式开发的优点是形成的水头较高，无水库，不会造成淹没，工程量小，单位造价较低；缺点是水量利用率和综合利用价值较

你知道吗

压力管道

压力管道是指所有承受内压或外压的管道，无论其管内介质如何。管道是用以输送、分配、混合、分离、排放、计量、控制和制止流体流动的，由管子、管件、垫片、阀门等组成件或受压部件和支承件组成的装配总成。

低，装机规模相对前者较小。引水式开发适用于河道坡降较大、流量较小的山区河段。

◎ 混合式开发

混合式开发，指在一个河段上，同时采用高坝和有压引水道共同集中落差的开发方式。混合式兼有坝式和引水式的优点，适用于上游有优良坝址，适宜建库，而紧接水库以下河道有突然变陡或河流有较大转弯的地形。

◎ 河流梯级开发

河流梯级开发，指在河流

拓展阅读

冶金工业的分类

冶金工业可以分为黑色冶金工业和有色冶金工业。黑色冶金主要指包括生铁、钢和铁合金（如铬铁、锰铁等）的生产；有色冶金指除黑色冶金以外所有各种金属的生产。另外冶金工业可以分为稀有金属冶金工业和粉末冶金工业。

径流量较稳定、丰富的河段，河流落差大、水急滩多河段，依地势高低依次建设多个水电站，充分利用当地的水能，同时兼顾防洪、航运、灌溉、水产等综合效益。河流梯级开发的意义在于：梯级开发分段修建水库和船闸，能改善不稳定径流，使各段水位相对平稳，利于航行；水库建成后，可抵御洪涝灾害，蓄水后利用落差发电，电力充足，用于冶金工业，既保护了森林，又减轻了二氧化硫的排放，使环境质量得到改善；水源充足，小气候得以改善，植被得到恢复。植被得到恢复，又可以改善不稳定径流。水库蓄水，可进行农业灌溉，对农业生产十分有利。

梯级开发示意图

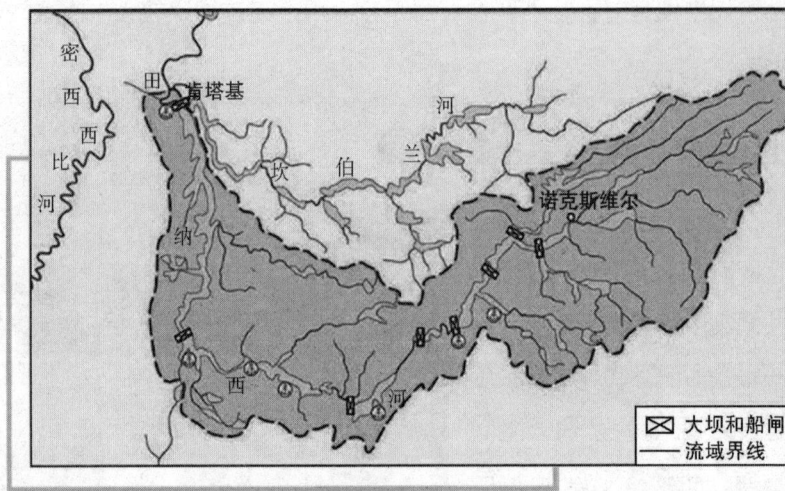

田纳西河梯级开发

梯级开发是美国田纳西河开发的核心。

◎ 跨流域开发

跨流域开发即跨流域调水规划，世界上大型的跨流域调水工程主要有美国萨克拉门托河—圣华金河调水工程、加拿大拉格朗德河调水工程、中国南水北调工程。

美国加利福尼亚州的中央河谷盆地，从西北斜向东南的轴线长约 800 千米，横向宽约 190 千米，占加利福尼亚州面积的 $\frac{1}{3}$ 以上。河谷北部主要为自北向南流的萨克拉门托河流域，南部主要为自南向北流的圣华金河流域；盆地四周环山，旧金山为两河汇合后注入太平洋的缺口。平坦的冲积川地约占河谷盆地面积的 $\frac{1}{3}$。

区域内年降雨量分布北多南少，例如北部红崖平均年降雨量 559 毫米，而东南角贝克斯菲尔德仅有 152 毫米；东部高山区雨量丰沛，其北端年降雨量达 2030 毫米，向南递减为 880 毫米。萨克拉门托河的年径流量约占中央河谷的 70%，而圣华金河流域的需水量则占中央河谷的 80%。径流量集中在冬、春两季，而农业需水量主要在夏、秋。人口和大城市工业密集在沿海，也远离丰水地区，跨流域调水有迫切需要。

萨克拉门托河—圣华金河调水工程包括两大项：垦务局的中央河谷工程，加利福尼亚州政府负责进行的加利福尼亚州调水工程。1928 年起加利福尼亚州连续几年大旱，1933 年通过了加利福尼亚州中央河谷

拓展阅读

加利福尼亚州

加利福尼亚州，是美国西部太平洋岸边的一个州，在面积上是美国第三大州，人口上是美国第一大州。加利福尼亚州无论是在地理、地貌、物产，还是在人口构成上都十分多样化。加利福尼亚州海岸线长约2030千米，较平直。由东部内华达山脉、中央谷地和西部海岸山脉组成。地理条件相差悬殊。南部沙漠缺雨，北部沿海冬季因雨雪多发生水灾。

法案，但因经济衰退，加利福尼亚州政府无力进行此项规模巨大的工程建设，乃由联邦政府机构垦务局先进行中央河谷工程的建设，于 1940 年开始，中央河谷的肥沃可耕地412 万公顷中，1954 年已有 200 万公顷有水灌溉。加利福尼亚州政府于 1960 年发行公债 17.5 亿美元后正式开工，1962 年开始局部供水，1973 年建成第一期工程，包括水库 18 座、泵站 15 座、水电厂 5 座、渠道 870 千米。此两项大工程密切结合。

拉格朗德河发源于加拿大魁北克省中部瑙科坎湖，河流先向北流，然后转向西流，先后接纳萨卡米河、卡瑙普斯考河等支流，在罗根里弗附近注入詹姆斯湾。全长约861 千米，流域面积约9.8 万平方千米，年均降雨量约750 毫米，河口多年平均流量约1730 立方米/秒，年均径流量约546 亿立方米。

拉格朗德河是加拿大詹姆斯湾五大水系之一，蕴藏着丰富的水能资源，尤其是下游干流440 千米河段内有落差 360 米，水电资源集中，根据规划拟分 4 级开发。规划中考虑从相邻河流进行跨流域调水，集中到一条河流上进

行梯级开发，扩大其发电能力，比较经济。两条河流跨流域调水的流量分别为 780 立方米/秒和 807 立方米/秒，其规模也是不小的。

我国的跨流域调水南水北调工程通过跨流域的水资源合理配置，大大缓解了北方水资源严重短缺问题，促进南北方经济社会与人口、资源、环境的协调发展。南水北调分东线、中线、西线 3 条调水线。西线工程在最高一级的青藏高原上，地形上可以控制整个西北和华

拓展阅读

加拿大

加拿大位于北美洲北部，东临大西洋，西濒太平洋，西北部邻美国阿拉斯加州，东北与丹麦格陵兰隔戴维斯海峡遥遥相望，南接美国本土，北靠北冰洋达北极圈。海岸线长 24 万多千米。东部气温稍低，南部气候适中，西部气候温和湿润，北部为寒带苔原气候。加拿大国境边界长达 8892 千米，为全世界最长不设防疆界线，加拿大也是世界上海岸线最长的国家之一。

北，因长江上游水量有限，只能为黄河上中游的西北地区和华北部分地区补水；中线工程从第三级阶梯西侧通过，从长江中游及其支流汉江引水，可自流供水给黄淮海平原大部分地区；东线工程位于第三级阶梯东部，东线工程的起点在长江下游的江都，终点在天津。东线工程供水涉及苏、皖、鲁、冀、津 5 省市。因地势低需抽水北送。

广角镜

我国地理阶梯划分

我国地势西高东低，呈现出阶梯状分布的特征。依照这样的地势特点，我国地势被划分为三级阶梯。三级阶梯包括第一级阶梯、第二级阶梯和第三级阶梯。其中，第一级阶梯为我国平均海拔最高的地区，平均海拔在 4000 米以上。在这三个区域中，第三级阶梯为平均海拔最低的，多为平原，丘陵地形。第二级阶梯位于第三级阶梯和第一级阶梯之间，平均海拔为 1000～2000 米。

水力发电

　　现代的水能利用，主要是利用水能进行发电，也就是水力发电。水电站的产品是电能。

　　水力发电在目前来说，是唯一技术已发展成熟、可以大规模开发的清洁可再生能源。此外，水力发电每度电的发电成本显然较目前广泛应用的火电、核电、太阳能、风能低，几乎所有国家在面对温室气体过度排放的威胁时，都优先考虑发展水力发电。

　　从电力工业角度来说，水力发电是调节性最好的电源之一。由于只需一开闸门就可以立刻发电，水力发电通常在电网中扮演重要角色，以承担调峰、调频、事故备用等重要功能。而普通的燃煤的火电，就必须让煤充分燃烧，产生足够水蒸气后，才可以开始发电。

◆ 水力发电原理

河流、湖泊位于高处具有位能的水流至低处，使天然水能转化成可利用水能，即水的重力势能转化为水流的动能，推动水轮机旋转，将水的动能转化为旋转机械能。在水轮机上接上另一种机械——发电机，水轮机的旋转带动发电机旋转切割磁力线产生电能。这就是水力发电的原理。

更具体一点讲，以具有位能或动能的水冲水轮机，水轮机即开始转动，若我们将发电机连接到水轮机，则发电机即可开始发电。如果我们将水位提高来冲水轮机，可发现水轮机转速增加。因此可知水位差越大，则水轮机所得动能越大，可转换的电能越大。

其能量转化过程：上游水的重力势能转化为水流的动能，水流通过水轮机时将动能传递给水轮机。水轮机带动发电机转动将动能转化为电能。因此是机械能转化为电能的过程。

利用水流的动能和势能来生产电能的场所就是水电厂，或叫作水电站。一般是在河流的上游筑坝，提高水位以造成较高的水头；建造相应的水工设施，以有效地获取集中的水流。水经引水机沟引入水电厂的水轮机，驱动水轮机转动，

拓展阅读

发电机组成和原理

发电机主要由定子、转子、端盖、电刷、机座及轴承等部件构成。定子由机座、定子铁芯、线包绕组以及固定这些部分的其他结构件组成。转子由转子铁芯、转子磁极、滑环、风扇及转轴等部件组成。通过轴承、机座及端盖将发电机的定子、转子连接组装起来，使转子能在定子中旋转，通过滑环通入一定的磁电流，使转子成为一个旋转磁场，定子线圈作切割磁力线的运动，从而产生感应电势，通过接线端子引出，接在回路中，便产生了电流。

水能便被转换为水轮机的旋转机械能。与水轮机直接相连的发电机将机械能转换成电能，并由发电厂电气系统升压送入电网。

水力发电有 4 个重要因素：

（1）水电站装机容量或水轮机的功率；

（2）通过水轮机的流量；

（3）水轮机的水头；

（4）水轮机的效率。

这里需要解释一下什么是"水头"，在水力学中，水头是表示能量的一种方法，是指单位质量的流体所具有的机械能；用高度表示，常用单位为"米"；具体是指水坝和机头的高度落差。

水电站上游引水进口断面和下游尾水出口断面之间的单位重量水体所具有的能量差值，常以"米"计量。一般以两处断面的水位差值表示，称为水电站毛水头。

水能是一种可再生的清洁能源，所以水力发电具有下列优点：

（1）利用引导水路和压力水管将水量之位能转换为动能，推动动力机工作。

（2）可按需供电，发电机不仅启动快，而且能在数分钟内完成发电。

（3）水力发电运营成本低，但效率却高达 90% 以上。

（4）单位输出电力的成本最低。

（5）取之不尽，用之不竭；环境优美，能源洁净。

水力发电的缺点主要包括以下 6 点：

（1）因地形限制无法建造太大容量，单机容量为 300 兆瓦左右。

（2）建厂时间长，基础建设投资大，建造费用高。

（3）建厂后不易增加容量。

（4）电力的输出极易受气候、降水的影响。降水季节变化大的地区，少雨季节发电量少甚至停止发电。

（5）筑坝移民，搬迁难度大。

气 候

气候是长时间内气象要素和天气现象的平均或统计状态，时间尺度为月、季、年、数年到数百年以上。气候以冷、暖、干、湿这些特征来衡量，通常由某一时期的平均值表示。气候的形成主要是由于热量的变化而引起的。

（6）对生态造成一定的破坏，河流的变化对动植物产生一定的负面影响。

◉▶ 水轮发电机

在水电站中，水轮机驱动发电机，将水能最终转换为电能，这一整套设备构成水轮发电机组。

早在公元前100年前后，中国就出现了水轮机的雏形——水轮，用于提灌和驱动粮食加工机械。现代水轮机则大多数安装在水电站内，用来驱动发电机发电。在水电站中，上游水库中的水经引水管引向水轮机，推动水轮机转轮旋转，带动发电机发电。做完功的水则通过尾水管道排向下游。水头越高、流量越大，水轮机的输出功率也就越大。

水轮机按工作原理可分为冲击式水轮机和反击式水轮机两大类。冲击式水轮机的转轮受到水流的冲击而旋转，工作过程中水流的压力不变，主要是动能的转换；反击式水轮机的转轮在水中受到水流的反作用力而旋转，工作过程中水流的压力能和动能均有改变，但主要是压力能的转换。

冲击式水轮机按水流的流向可分为切击式（又称水斗式）和斜击式两类。斜击式水轮机的结构与水斗式水轮机基本相同，只是射流方向有一个倾角，只用于小型机组。

早期的冲击式水轮机的水流在冲击叶片时，动能损失很大，效率不高。

1889 年，美国工程师佩尔顿发明了水斗式水轮机。它有流线型的收缩喷嘴，能把水流能量高效率地转变为高速射流的动能。

知识小链接

射　流

　　射流是指从管口、孔口、狭缝射出，或靠机械推动，并同周围流体掺混的一股流体流动。经常遇到的射流一般是无固壁约束的自由湍流。这种湍性射流通过边界上活跃的湍流混合将周围流体卷吸进来而不断扩大，并流向下游。射流在水泵、蒸汽泵、通风机、化工设备和喷气式飞机等许多领域得到广泛应用。

　　反击式水轮机可分为混流式、轴流式、斜流式和贯流式。在混流式水轮机中，水流径向进入导水机构，轴向流出转轮；在轴流式水轮机中，水流径向进入导叶，轴向进入和流出转轮；在斜流式水轮机中，水流径向进入导叶而以倾斜于主轴某一角度的方向流进转轮，或以倾斜于主轴的方向流进导叶和转轮；在贯流式水轮机中，水流沿轴向流进导叶和转轮。

　　轴流式、斜流式和贯流式水轮机按其结构还可分为定桨式和转桨式。定桨式的转轮叶片是固定的；转桨式的转轮叶片可以在运行中绕叶片轴转动，以适应水头和负荷的变化。

　　各种类型的反击式水轮机都设有进水装置。大、中型立轴反击式水轮机的进水装置一般由蜗壳、固定导叶和活动导叶组成。蜗壳的作用是把水流均匀分布到转轮周围。当水头在 40 米以下

你知道吗

混凝土

　　混凝土是当代最主要的土木工程材料之一。它是由胶凝材料、颗粒状材料、水，以及必要时加入的外加剂和掺和料按一定比例配制，经均匀搅拌，密实成型，养护硬化而成的一种人工石材。混凝土具有原料丰富、价格低廉、生产工艺简单的特点，因而使其用量越来越大。同时，混凝土还具有抗压强度高、耐久性好、强度等级范围宽等特点。

时，水轮机的蜗壳常用钢筋混凝土在现场浇注而成；当水头高于40米时，则常采用拼焊或整铸的金属蜗壳。

反击式水轮机

在反击式水轮机中，水流充满整个转轮流道，全部叶片同时受到水流的作用，所以在同样的水头下，转轮直径小于冲击式水轮机。它们的最高效率也高于冲击式水轮机。

反击式水轮机都设有尾水管，其作用：回收转轮出口处水流的动能；把水流排向下游；当转轮的安装位置高于下游水位时，将此位能转化为压力能予以回收。对于低水头、大流量的水轮机，转轮的出口动能相对较大，尾水管的回收性能对水轮机的效率有显著影响。

轴流式水轮机适用于较低水头的电站。在相同水头下，其比转数较混流式水轮机高。轴流定桨式水轮机的叶片固定在转轮体上，叶片安放角不能在运行中改变，效率曲线较陡，适用于负荷变化小或可以用调整机组运行台数来适应负荷变化的电站。

轴流转桨式水轮机是奥地利工程师卡普兰在1920年发明的，故又称卡普兰水轮机。它的转轮叶片一般由装在转轮体内的油压接力器操作，可按水头和负荷变化做相应转动，以保持活动导叶转角和叶片转角间的最优配合，从而提高效率，这类水轮机的最高效率有的已超过94%。

贯流式水轮机的导叶和转轮间的水流基本上无变向流动，加上采用直锥形尾水管，排流不必在尾水管中转弯，所以效率高，过流能力大，比转

贯流式水轮机

数高，特别适用于水头为 3～20 米的低水头电站。这种水轮机装在潮汐电站内还可以实现双向发电。这种水轮机有多种结构，使用最多的是灯泡式水轮机。

灯泡式机组的发电机装在防水密封的灯泡体内。它的转轮既可以设计成定桨式，也可以设计成转桨式。世界上最大的灯泡式水轮机（转桨式）装在美国的罗克岛第二电站，水头 12.1 米，转速为 85.7 转/分钟，转轮直径为 7.4 米，单机功率为 54 兆瓦，于 1978 年投入运行。

混流式水轮机是世界上使用最广泛的一种水轮机，由美国工程师弗朗西斯于 1849 年发明，故又称弗朗西斯式水轮机。与轴流转桨式相比，其结构较简单，最高效率也比轴流式的高，但在水头和负荷变化大时，其平均效率比轴流转桨式的低。这类水轮机的最高效率有的已超过 95%。混流式水轮机适用的水头范围很宽，为 5～700 米，但采用最多的是 40～300 米。

灯泡式水轮机组

知识小链接

不锈钢

不锈钢指耐空气、蒸汽、水等弱腐蚀介质和酸、碱、盐等化学浸蚀性介质腐蚀的钢。实际应用中，常将耐弱腐蚀介质腐蚀的钢称为不锈钢，而将耐化学介质腐蚀的钢称为耐酸钢。不锈钢的耐蚀性取决于钢中所含的合金元素。不锈钢基本合金元素有镍、钼、钛、铌、铜等，以满足各种用途对不锈钢组织和性能的要求。

混流式的转轮一般用低碳钢或低合金钢铸件，或者采用铸焊结构。为提高抗汽蚀和抗泥沙磨损性能，可在易气蚀部位堆焊不锈钢，或采用不锈钢叶片，有时整个转轮也可采用不锈钢。采用铸焊结构能降低成本，并使流道尺寸更精确，流道表面更光滑，有利于提高水轮机的效率，还可以用不同材料制造叶片、上冠等。

斜流式水轮机是瑞士工程师德里亚于 1956 年发明，故又称德里亚水轮机。它的叶片倾斜地装在转轮体上，随着水头和负荷的变化，转轮体内的油压接力器操作叶片绕其轴线相应转动。它的最高效率稍低于混流式水轮机，但平均效率大大高于混流式水轮机；与轴流转桨式水轮机相比，抗气蚀性能较好，适用于 40～120 米水头。

水泵水轮机主要用于抽水蓄能电站。在电力系统负荷低于基本负荷时，它可用作水泵，利用多余发电能力，从下游水库抽水到上游水库，以位能形式蓄存能量；在系统负荷高于基本负荷时，可用作水轮机，发出电力以调节高峰负荷。因此，抽水蓄能电站并不能增加电力系统的电量，但可以改善火力发电机组的运行经济性，提高电力系统的总效率。

早期发展的或水头很高的抽水蓄能机组大多采用三机式，即由发电电动机、水轮机和水泵串联组成。它的优点是水轮机和水泵分别设计，可各自具有较高效率，而且发电和抽水时机组的旋转方向相同，可以迅速从发电转换为抽水，或从抽水转换为发电。同时，可以利用水轮机来启动机组。它的缺点是造价高，电站投资大。

斜流式水泵水轮机转轮的叶片可以转动，在水头和负荷变化时仍有良好的运行性能。但受水力特性和材料强度的限制，到 20 世纪 80 年代初，它的最高水头只用到 136.2 米。对于更高的水头，则需要采用混流式水泵水轮机。

20 世纪以来，水电机组一直向高参数、大容量方向发展。随着电力系统中火电容量的增加和核电的发展，为解决合理调峰问题，世界各国除在主要水系大力开发或扩建大型电站外，还在积极兴建抽水蓄能电站，水泵水轮机因而得到迅速发展。

为了充分地利用各种水力资源，潮汐、落差很低的平原河流甚至波浪等也引起普遍重视，从而使贯流式水轮机和其他小型机组迅速发展。

　　水轮发电机组的附属设备有调速系统和蝴蝶阀与快速闸门等。

　　（1）调速系统。它的作用是控制进入水轮机转轮的流量来调节水轮发电机的功率和转速，并实现机组的起停、发电、调相、甩负荷等操作控制及各种工况之间的转换。水轮机调速系统的动作原理与汽轮机的相同。

**基本
小知识**

汽轮机

　　汽轮机是将蒸汽的能量转换成为机械功的旋转式动力机械。它主要用作发电用的原动机，也可直接驱动各种泵、风机、压缩机和船舶螺旋桨等。人们还可以利用汽轮机的排汽或中间抽汽满足生产和生活上的供热需要。

　　调速系统分成机械液压（机调）、电气液压（电调）和微机调速器3类。微机调速器的性能明显优于机调和电调，可用计算机软件很方便地实现调节控制功能，其可靠性、可用性、可维修性大幅度提高。目前我国大中型水电机组主要采用微机调速器。

　　（2）蝴蝶阀与快速闸门。蝴蝶阀与快速闸门一般分别安装在水轮机蜗壳前的钢管上或压力引水管的进水口处，当机组发生事故而导水机构又同时发生故障不能及时关闭时，可迅速关闭蝴蝶阀或快速闸门，紧急停机，避免事故扩大。在停机或检修时将其关闭，还可减少漏水并确保工作安全。

　　较常用的蝴蝶阀有横轴和竖轴两种结构形式。大中型蝴蝶阀均采用油压操作。

➡ 水力发电站类型

◎水电站构造

　　水电站一般包括由挡水、泄水建筑物形成的水库和水电站引水系统、发电厂房、机电设备等。

水电站的组成建筑物包括枢纽建筑物和发电建筑物，其中枢纽建筑物由挡水建筑物、泄水建筑物、过坝建筑物组成；发电建筑物由进水建筑物、引水建筑物、平水建筑物和厂区枢纽组成。

挡水建筑物指截断水流、集中落差、形成水库的拦河坝、闸或厂房等水工建筑物，如重力坝、拱坝、土石坝、拦河闸等。拦河坝又称大坝，是水电站的主要建筑物，作用是挡水提高水位，积蓄水量，集中上游河段的落差形成一定水头和库容的水库，水轮发电机组从水库取水发电。大坝可分为混凝土坝和土石坝两大类。

你知道吗

重力坝

重力坝是由混凝土或浆砌石修筑的大体积挡水建筑物，其基本剖面是直角三角形，整体是由若干坝段组成。重力坝在水压力及其他载荷作用下，主要依靠坝体自重产生的抗滑力来满足稳定要求；同时，依靠坝体自重产生的压力来抵消由于水压力所引起的拉应力以满足强度要求。

泄水建筑物用于宣泄洪水、放空水库、冲沙、排水和排放漂水，主要包括溢洪坝、溢流坝、泄水闸、泄洪隧道及底孔等。

过坝建筑物主要指过船、过木、过鱼。

进水建筑物指从河道或水库中取水的建筑物，如进水口、沉沙池。进水口分为有压进水口和无压进水口两大类。有压进水口设在水库水面以下，以引进深层水为主，进水口后接有压隧洞或管道。无压进水口内水流为明流，以引进表层水为主，进水口后一般接无压引水道。平水建筑物指水电站负荷发生变化时，用以平稳引水建筑物中流量和压力的建筑物，如调压室、压力前池等。

厂房枢纽具体包括水电站的厂房、变压器场、高压开关站、交通线路及尾水渠等建筑物。其中厂房是安装水轮发电机组及其配套设备，将水能转换为机械能进而转换为电能的场所。水电站厂房结构一般可分为3个组成部分：

（1）上部结构。主厂房的上部结构包括各层楼板及其梁柱系统、吊车梁和构架，以及屋顶和围护墙等。它的作用主要为承受设备重量和风雪载荷等，并传递给下部结构。

（2）下部结构。厂房的下部结构包括蜗壳、尾水管和尾水墩墙等结构。对于河床式厂房，下部结构中还包括进水口结构。它的作用主要为承受水载荷的作用，构成厂房的基础，承受上部结构、发电支承结构，将载荷分布传给地基和防渗等。

（3）发电机支承结构。发电机支承结构的作用是承受机组设备重量以及动力载荷，传给下部结构。根据自然条件、机组容量和电站规模可分为地面厂房、地下厂房和坝内厂房。

◎ 水电站分类

水力发电站需要把水的势能和动能转换成电能。按集中落差方式的不同，主要可分为堤坝式水电站、引水式水电站、抽水蓄能水电站等。

（1）堤坝式水电站。在河床上游修建拦河坝，将水积蓄起来，抬高上游水位，形成发电水头的方式称为堤坝式。

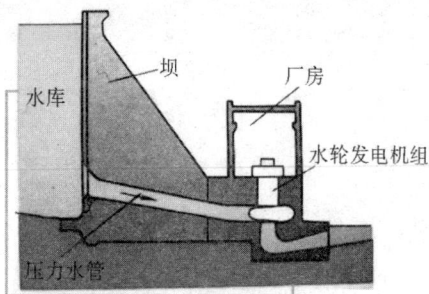

坝后式水电站

堤坝式水电站又可分为坝后式、河床式及混合式水电站等。

①坝后式水电站。这种水电站的厂房建筑在坝的后面，全部水头由坝体承受，水库的水由压力水管引入厂房，转动水轮发电机组发电。坝后式水电站适合于高、中水头的情况。②河床式水电站。这种水电站的厂房和挡水坝联成一体，

河床式水电站

厂房也起挡水作用，因修建在河床中，故名河床式。河床式水电站适宜于建筑在河床宽阔、落差小、流量大的平原河道上，河床式水电站水头一般在20~30米以下。③混合式水电站。混合式水电站的发电落差，一部分靠大坝蓄水提高水位获得，一部分利用地形修建引水工程集中获得。

（2）引水式水电站。水电站建在山区水流湍急的河道上或河床坡度较陡的地方，由引水渠道造成水头，一般不需修坝或只修低堰。

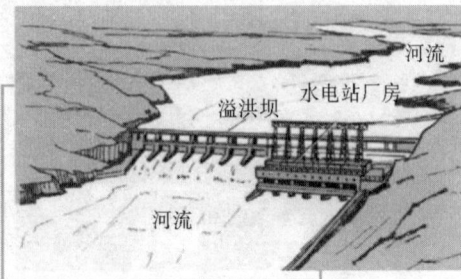

富春江河床式水电站

（3）抽水蓄能水电站。它具有上池（上部蓄水库）和下池（下部蓄水库），在低谷负荷时水轮发电机组可变为水泵工况运行，将下池水抽到上池储蓄起来；在高峰负荷时水轮发电机组可变为发电工况运行，利用上池的蓄水发电。

按水库蓄水的调节能力不同，水电站可分为径流式水电站、日调节水电站、周调节水电站、年调节水电站和多年调节水电站。

径流式水电站没有调节水库，上游来多少水就发多少电，发电能力随季节水量变化，丰水期要大量排水。

日调节水电站有水库蓄水，但库容较小，只能将一天的来水蓄存起来用

在当天要求发电的时候。

周调节水电站是将双休日的来水积存起来，平均在本周的工作日使用。

年调节水电站的库容较大，可将丰水期多余的水量贮存起来，在枯水期间使用。

多年调节水电站的库容更大，能把丰水年多余的水量积存起来在枯水年使用。

年调节和多年调节水电站具有比较稳定的发电能力，在运行时同样可以进行日调节和周调节，能够充分地利用水力资源。

水电站类型还可以按照水头的高低进行划分，目前我国按以下标准划分：

（1）最大水头40米以下的水电站称为低水头水电站；

（2）最大水头在40～200米的水电站称为中水头水电站；

（3）最大水头在200米以上的水电站称为高水头水电站。

◎ 抽水蓄能水电站

抽水蓄能水电站是利用电力负荷低谷时的电能抽水至上水库，在电力负荷高峰期再放水至下水库发电的水电站。它又称蓄能式水电站。它可将电网负荷低时的多余电能，转变为电网高峰时期的高价值电能，还适用于调频、调相，稳定电力系统的周波和电压，且宜为事故备用，还可提高系统中火电站和核电站的效率。

抽水蓄能水电站

世界上第一座抽水蓄能水电站于1882年诞生在瑞士的苏黎世，至今已有131年的历史。但世界上抽水蓄能水电站得到迅速发展，是20世纪60年代以后的事，也就是说从第一座抽水蓄能水电站建成到迅速发展，中间相隔了近80年。我国在20世纪60年代后期才开始研究抽水蓄能水电站的开发，于

1968年和1973年先后建成岗南和密云两座小型混合式抽水蓄能水电站,装机容量分别为11兆瓦和22兆瓦。与欧美等发达国家和地区相比,我国抽水蓄能水电站的建设起步较晚。

20世纪80年代中后期,随着社会经济的快速发展,我国电网规模不断扩大。华南、华北和华东等以火电为主的电网,由于受地区水力资源的限制,可供开发的水电很少,电网缺少经济的调峰手段,电网调峰矛盾日益突出,缺电局面由电量缺乏转变为调峰容量也缺乏,修建抽水蓄能水电站以解决火电为主电网的调峰问题逐步形成共识。随着电网经济运行和电源结构调整的要求,一些以水电为主的电网也开始研究兴建一定规模的抽水蓄能水电站。为此,我国有关部门组织开展了较大范围的抽水蓄能水电站资源普查和规划选点,制定了抽水蓄能水电站发展规划,抽水蓄能水电站的建设步伐得以加快。1991年,装机容量270兆瓦的潘家口混合式抽水蓄能水电站首先投入运行,从而迎来了抽水蓄能水电站建设的第一次高潮。

在建的抽水蓄能水电站

20世纪90年代,随着改革开放的深入,国民经济快速发展,抽水蓄能水电站建设也进入了快速发展期。先后兴建了广州一期、北京十三陵、浙江天荒坪等大型抽水蓄能水电站。"十五"计划期间,我国又相继修建了张河湾、西龙池、白莲河等一批大型抽水蓄能水电站。至2009年底我国投产的抽水蓄能水电站共22座,总容量11545兆瓦,其中大型纯抽水蓄能水电站11座(包括北京十三陵、广东广州一期与二期、浙江天荒坪与桐柏、吉林白山、山东泰安、安徽琅琊山、江苏宜兴、山西西龙池、河北张河湾)10400兆瓦,其余11座1145兆瓦,在建的8座,装机容量9360兆瓦。

◎ 抽水蓄能水电站的特点

它既是发电厂，又是用户，它的填谷作用是其他任何类型发电厂所没有的；它启动迅速，运行灵活、可靠，除调峰填谷外，还适合承担调频、调相、事故备用等任务。目前，中国已建的抽水蓄能水电站在各自的电网中都发挥了重要作用，使电网总体燃料得以节省，降低了电网成本，提高了电网的可靠性。

◎ 抽水蓄能水电站与常规水电站的比较

在运行管理方面达到较高水平。抽水蓄能水电站可逆式水泵水轮机－发电电动机组运行工况多、监控对象多、自动化元件多、信息量大，计算机监控系统比常规水电站计算机监控系统复杂，操作要求也比常规水电站高。已建成的抽水蓄能水电站在运行管理方面都达到较高水平，表现在：（1）人员精炼，基本上做到无人值班或少人值守。（2）综合效率高，电站运行的平均综合效率，一般在75%左右。天荒坪平均达79.4%，最高达80.6%。（3）可用率和机组启动成功率均达到先进水平。

在水工建筑方面也有它的特殊性，比如对防渗的要求就特别严格，因为它的水是用电换来的，同时机组吸出高度多为负值，厂房多为地下式等，因此在设计和施工方面都有一定的难度，在已建的抽水蓄能水电站中，攻克了这些难关，为今后抽水蓄能水电站的建设，取得了成功的经验。

如十三陵抽水蓄能水电站上水库，是人工开挖填筑而成，库盆采用钢筋混凝土面板防护，在北京这样寒冷地区，这样大规模的钢筋混凝土防渗工程在中国是第一个，在国外也少有。天荒坪抽水蓄能水电站的上库，也是人工开挖填筑而成，天荒坪电站的防渗措施系采用沥青混凝土衬护，渗漏量很少。这两个工程说明在人工库盆防渗方面，中国已积累了一定的经验。

又如地下厂房轻型支护，广州抽水蓄能水电站宽21米的大型地下厂房采用喷锚支护，其支护参数在国内外同类工程中是比较先进的。实践证明，中国在地下厂房喷锚支护设计和施工方面都具有成功的经验。

广州抽水蓄能水电站厂房和天荒坪抽水蓄能水电站厂房均采用岩壁吊车梁，取代传统的柱式支承吊车梁，既减少厂房宽度，节约投资，又缩短了工期。通过天荒坪等水电站岩壁吊车梁实践，中国已完全掌握了岩壁吊车梁的设计理论和施工技术。

抽水蓄能水电站的引水道有竖井和斜井两种布置形式。斜井与竖井相比，斜井水道长度短，水力过渡条件好，具有节省投资、提高电站效率等优势。但斜井的施工难度较大，施工技术比竖井复杂。我国目前已建的十三陵、天荒坪等蓄能水电站，引水道均采用斜井布置。通过这些斜井施工，已形成了较为成熟的斜井安全快速施工成套技术。

小水电

小水电是小型水电站的简称。它的装机容量的规模，各国规定不一。1980 年，召开的第二次国际小水电技术发展与应用考察研究讨论会议规定：单站容量 1001～12000 千瓦为小水电站，101～1000 千瓦为小小水电站，100 千瓦及其以下为微型水电站。中国在 1986 年规定，单站容量 25000 千瓦以下的水电站均可按小水电政策建设和管理。

适于建造容量达 10 兆瓦的小水电站的河流很多，开发小水电资源的地点一般都选在经济上最有吸引力的站址。高水头和靠近用电中心是小水电站站址必须具备的重要条件，因此，小水电的开发并不仅局限于资源丰富的地区。

世界上现已建成的水电站的规模大小不等，小的电站的装机容量还不足 1 兆瓦，大的则超过 10000 兆瓦。水电发电的效率为同等规模的热电站的 2 倍以上。当前，世界各地的农村和边远地区十分需要增加电力供应。在发展中国家，居住在这些地区的人中，只有约 5% 能用上电，小水电站的发展速度一直很缓慢。

　　然而，在工业发达国家，由于热电站造成的污染问题以及小水电站建造周期短和开发成本低等优点，再次引起了人们对小水电开发的兴趣。大力开发小水电的原因：

　　（1）运行寿命长，坚固耐用，价格稳定，并且水资源是可再生的。对于用电规模较小的边远地区来说，所有这些优点使水电站成为最具有吸引力的选择对象。

　　（2）拥有连接电厂和用电中心的输电网的地区并不多。许多地区，特别是在发展中国家，还必须依赖当地的小型电厂供电，几乎处处都有可以用来发电的小河流。

　　（3）一般来说，小型水电站造成的环境影响较小。当把河水用于其他目的时，如灌溉和供水等，如能同时加上小水电发电系统，往往会更有吸引力。

　　（4）在工业化国家，常常把小型水电站作为局部地区工业的能源。但在适宜的条件下，小型水电站也可并入公用供电系统供电。

　　（5）对已有的大坝和设施上的旧的小型水电站进行改建，发电的成本较低，在经济上比较合算。

　　当今的小水电技术是已经得到充分验证的成熟技术。电站的建造不复杂，所需工艺也较简单，并可大量地利用当地的劳动力和材料。另外，水电站建造周期短。各种现有的并已经过实践验证的电站设计方案，无论是建造方面的，还是运行方面的，均可广泛地适用于各地的不同的条件。小水电站运行方式，既可是简单的人工操作，也可以是全自动的计算机化控制。

基本小知识

涡轮机

　　涡轮机是利用流体冲击叶轮转动而产生动力的发动机。可分为汽轮机、燃气轮机和水轮机。最早的涡轮增压器用于跑车或方程式赛车上，这样在那些发动机排量受到限制的赛车上，发动机就能够获得更大的功率。

　　小水电站开发在土木工程方面的工作主要是建筑大坝、溢洪水道或引水堰及通向电厂的水道。水通过水道流到电厂，电厂依靠带有机电设备的涡轮机将水的位能和动能转换成电能。小水电站一般都是径流式电站，利用的是自然水流，没有蓄水库。对于小型水电站项目来说，建设大坝是不合算的，因此，通常只建造最简单的矮坝或引水堰。

　　小水电站在规模上没有优势，单位装机容量成本较高。在某些特殊情况下，成本可能还会更高些。在站址条件特别好的地方，或者当地的投入较为低廉时，成本可能会低一些。一般来说，每千瓦装机容量的项目成本与装机容量和水头成反比。但各个设计参数一般是根据当地的条件确定的，可变更的余地较小。如果在一个现有的供水或灌溉系统上增加发电系统，往往花费不多。因此，今后应发展多用途项目，它可以很好地成为以后增扩的小水电站的主要平台。对于再小一些的水电站，则更需要重点研究如何降低成本，甚至要不惜牺牲运行效率来达到降低成本的目的。对于那些并非十分重要的功能，则应舍去，并要尽可能就地取材。如果小电站能够就地供电，其经济价值就可得到提高。否则，解决输电问题将会占去电站项目投资的相当一部分资金。如果要建新的专用输电网，情况更是如此。如果输电费用变成电站投资的重要组成部分，就会使电站项目的成本明显上升。

　　小水电从容量角度来说处于所有水电站的末端，世界小水电在整个水电的比重大体在5%～6%。

　　我国在20世纪50年代，一般称500千瓦以下的水电站为农村水电站；到20世纪60年代，小水电的容量界限到3000千瓦，并在一些地区出现了小型供电线路；20世纪80年代以后，随着以小水电为主的农村电气化计划的实施，小水电的建设规模迅速扩大，小水电定义也扩大到2.5万千瓦；20世纪90年代以后，我国进一步明确装机容量5万千瓦以下的水电站均可享受小水电的优惠政策，并出现了一些容量为几万至几十万千伏安的地方电网。中国小水电可开发量占全国水电资源可开发量的23%，居世界第一位。

◀ 潮汐电站

潮汐是沿海地区的一种自然现象。潮汐现象是指海水在天体（主要是月球和太阳）引力作用下所产生的周期性运动，习惯上把海面垂直方向涨落称为潮汐，而海水在水平方向的流动称为潮流。

潮汐导致海平面周期性地升降，其中蕴藏着巨大的能量。在涨潮的过程中，汹涌而来的海水具有很大的动能，而随着海水水位的升高，就把海水的巨大动能转化为势能；在落潮的过程中，海水奔腾而去，水位逐渐降低，势能又转化为动能。因海水涨落及潮水流动所产生的能量称为潮汐能，包括海水潮涨和潮落形成的水的势能与动能。

潮汐能的利用方式主要是发电。潮汐发电就是利用海湾、河口等有利地形，建筑水堤，形成水库，大量蓄积海水，在坝中或坝旁建造水力发电厂房，通过水轮发电机组进行发电。

潮汐发电是水力发电的一种形式，从发电原理来说两者并无根本差别：都需要筑坝形成水头，使用水轮发电机组把水能或潮汐能转变成电能，生产的电能都通过输电线路输送到负荷中心等。但潮汐能和常规水力能源相比还

拓展阅读

潮汐的分类

根据潮汐周期可分为以下三类：半日潮型，一个太阳日内出现两次高潮和两次低潮，前一次高潮和低潮的潮差与后一次高潮和低潮的潮差大致相同，涨潮过程和落潮过程的时间也几乎相等。全日潮型，一个太阳日内只有一次高潮和一次低潮。混合潮型，一月内有些日子出现两次高潮和两次低潮，但两次高潮和低潮的潮差相差较大，涨潮过程和落潮过程的时间也不等，而另一些日子则出现一次高潮和一次低潮。

是有许多特殊之处，如潮汐电站以海水作为工作介质，利用海水位和库水位的落差发电，设备的防腐蚀和防海生物附着的问题是常规水电站没有的；潮汐能源是一种可再生的清洁能源，没有污染；潮汐电站没有水电站的枯水期问题，电量稳定而且还可以做到精确预报；建设潮汐电站不需移民，无淹没损失，有巨大的综合利用效益。

利用潮汐发电必须具备两个条件：第一，潮汐的幅度必须大，至少要有几米；第二，海岸地形必须能储蓄大量海水，并可进行土建工程。就是在有潮汐的河口或海湾筑一条大坝，将河口或海湾与海洋隔开构成水库，水轮发电机组就装在拦海大坝里。然后利用潮汐涨落时海水位的升降，使海水通过轮机转动水轮发电机组发电。潮汐电站可以是单水库或双水库。

潮汐电站按照运行方式和对设备要求的不同，可以分成单库单向型、单库双向型和双库单向型3种。

单库单向型是在海湾（或河口）筑起堤坝、厂房和水闸，将海湾（或河口）与外海隔开。涨潮时将贮水库闸门打开，向水库充水，平潮时关闸，落潮后，待贮水库与外海有一定水位差时开闸，形成强有力的水头冲击水轮发电机组，驱动其发电。

单库单向发电方式的优点是设备结构简单，投资少；缺点是发电断续，1天中约有65%以上的时间处于贮水和停机状态。

单库双向型同样只建一个水库，它采取巧妙的水工设计或采用双向水轮发电机组，使电站在涨、落潮时都能发电。但这两种发电方式在平潮时都不能发电。它有两种设计方案：第一种方案利用两套单向阀门控制两条向水轮机引水的管道。在涨潮和落潮时，海水分别从各自的引水管道进入水轮机，使水轮机单向旋转带动发电机；第二种方案是采用双向水轮机组。

双库单向型是在有利条件的海湾建起2个水库，实现潮汐能连续发电。涨潮时，向高贮水库充水；落潮时，由低贮水库排水，两库水位始终保持一定的落差，水轮发电机安装在两水库之间，连续单向旋转，可以连续不断地发电。它的缺点是要建2个水库，投资大、成本高且工作水头较低。

潮汐发电的关键技术主要包括低水头、大流量、变工况水轮机组的设计制造；电站的运行控制；电站与海洋环境的相互作用，包括电站对环境的影响和海洋环境对电站的影响，特别是泥沙冲淤问题；电站的系统优化，协调发电量、间断发电以及设备造价和可靠性等之间的关系；电站设备在海水中的防腐等。

潮汐发电有许多优点。例如，潮水来去有规律，不受洪水或枯水的影响；以河口或海湾为天然水库，不会淹没大量土地；不污染环境、不消耗燃料等。但潮汐电站也有工程艰巨、造价高、海水对水下设备有腐蚀作用等缺点。但潮汐发电成本低于火电。

19 世纪末，德国工程师克诺布洛赫提出了建立潮汐发电站的方案。他提出在德国的易北河下游修建蓄水池，在涨潮时蓄积海水进行发电，但未能成功。原因：潮汐产生的落差远远低于河流的落差，潮汐水位有明显的日、月变化和年变化，很不固定，有时大、小潮之间的水位差异可达 1 倍左右；海水还有腐蚀

广角镜

易北河

易北河，中欧主要航运水道之一，发源于捷克、波兰两国边境附近的克尔科诺谢山南麓，穿过捷克西北部的波希米亚，在德勒斯登东南 40 千米处进入德国东部，在德国下萨克森州库克斯港注入北海。全长约 1165 千米，流域总面积约 144060 平方千米。

性，易发生生物附着以及水库泥沙淤积等问题。

1913 年，法国科学家派恩提出在诺德斯特兰岛和法国大陆之间建立一座潮汐发电站的设计方案：在岛与大陆之间建造一条 2.8 千米的大坝；坝上再建造一座试验性发电站。第一次世界大战期间该电站成功地发出了电。这是世界上第一座潮汐发电站，也是人类第一次从海洋里获得电能。它采用的是单向型运行方式，即只在落潮时才能发电，所以每天只能发电 10 小时左右，未能充分利用潮汐能。

直到 1967 年，法国人才在英吉利海峡的朗斯河口的布列塔尼省，建造了

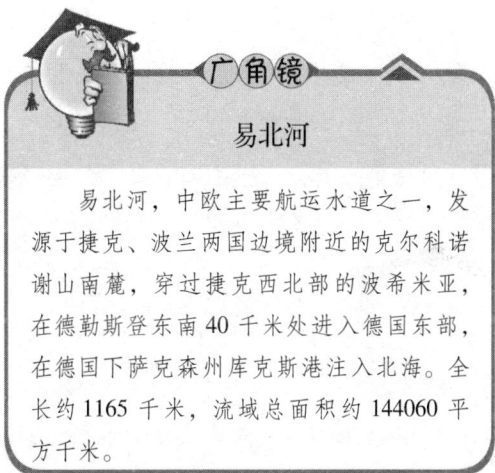

世界上第一座具有商业规模、发电量为24万千瓦的大型潮汐发电站。电站规模宏大，大坝全长750米，坝顶是公路，坝下设置船闸、泄水闸和发电机房。平均潮差8.5米，最大潮差13.5米。该电站采用的是单库双向型发电方式，只建一个蓄水库和一条堤坝，涡轮机和发电机组均能满足正

潮汐发电站

反双向运转的要求。朗斯潮汐发电站的涡轮机组的结构很像电灯泡，所以人们把它称为灯泡型贯流式机组，这种机组在涨落潮时均可发电。需要时，还可以从外边输入电力，把发电机变成电动机，涡轮机则起着水泵的抽水作用，以提高水位，增加发电能力。采用灯泡型贯流式机组是朗斯潮汐发电站的一项重大技术成就，它成功地解决了潮汐涨落的间歇期问题。

广角镜

英吉利海峡

英吉利海峡，是分隔英国与欧洲大陆的法国，并连接大西洋与北海的海峡。海峡长560千米，宽240千米，最狭窄处又称多弗尔海峡，仅宽34千米。英国的多弗尔与法国的加莱隔海峡相望。近岸边的海底陡降十分厉害，西部通常平坦，东部起伏。

我国早在20世纪50年代就已开始利用潮汐能，在这一方面也是世界上起步较早的国家。1956年，建成的福建省浚边潮汐水轮泵站就是以潮汐作为动力来扬水灌田的。目前，我国尚在运行的潮汐发电站还有近10座，其中浙江乐清湾的江厦潮汐发电站是我国、也是亚洲最大的潮汐发电站，仅次于法国朗斯潮汐发电站和加拿大安纳波里斯潮汐发电站，居世界第三位。

世界水电发展

到目前为止，全世界已经建造了许多座水库大坝。这些水库大坝控制着大约 3.5 万亿立方米水资源，约占全球可利用水资源量的 38%，对水资源综合利用和管理发挥着重要作用。

世界上不少大坝有发电功能，例如在全球库容超过 250 亿立方米的水库中，有 44 座水库具有发电功能，其中有 16 座水库以发电为唯一目的。这 44 座水库的总库容约占世界库容总量的 37%，大约占世界总水电发电量的 20%。

水电作为技术最成熟、供应最稳定的可再生清洁能源，在全球能源供应中占有重要地位。

世界水电发展历程

1878 年，法国建成世界上第一座水电站。美洲第一座水电站建于美国威斯康星州阿普尔顿的福克斯河上，由 1 台水车带动 2 台直流发电机组成，装机容量 25 千瓦，于 1882 年 9 月 30 日发电。欧洲第一座商业性水电站是意大利的特沃利水电站，于 1885 年建成，装机 65 千瓦。19 世纪 90 年代起，水力发电在北美、欧洲许多国家受到重视，利用山区湍急河流、瀑布等优良地形修建了一批数十至数千千瓦的水电站。1895 年，在美国与加拿大边境的尼亚加拉瀑布处建造了一座大型水轮机驱动的 3750 千瓦水电站。

进入 20 世纪以后，由于长距离输电技术的发展，边远地区的水力资源逐步得到开发利用，并向城市和用电中心供电。

20 世纪 30 年代，水电站的数量和装机容量均有很大发展，建设大型水坝成了经济发展和社会进步的同义词，仅以美国 20 世纪 30~40 年代建成的不少重要水坝和水电站纷纷以总统的名字命名的举动，就不难看出当时的国际社会对大型水坝的仰慕和对能够建成水电站的自豪心情。由于建坝被视为是现代化和人类控制、利用自然资源能力的象征，水坝建设风起云涌。到 20 世纪 70 年代达到顶峰时，全世界几乎每天都有新建的水坝交付使用。

20 世纪 50 年代以来，世界水能资源开发的速度很快。据统计，世界各国水力发电装机容量 1950 年为 7200 万千瓦，1998 年已达 67400 万千瓦，在各种发电能源中居第二位，仅次于火力发电。世界各国水电总发电量 1950 年为 3360 亿千瓦，1998 年已达 26430 亿千瓦。以世界经济可开发发电量 8.082 万亿千瓦计算水能资源开发程度，1950 年仅开发了 4.15%，到 1998 年已达到 32.7%。

20 世纪 80 年代末，世界上一些工业发达国家，如瑞士和法国的水能资源已几近全部开发。20 世纪，世界装机容量最大的水电站是巴西和巴拉圭合建的伊泰普水电站，装机 1260 万千瓦。

至 2002 年底，全世界已经修建了 49700 多座大坝（高于 15 米），分布在 140 多个国家，其中中国的大坝有 25000 多座。世界上有 24 个国家依靠水电为其提供 90% 以上的能源，如巴西、挪威等国；有 55 个国家依靠水电为其提供 50% 以上的能源，包括加拿大、瑞士、瑞典等国；有 62 个国家依靠水电为其提供 40% 以上的能源，包括南美的大部分国家。全世界大坝的发电量占所有发电量总和的 19%。发达国家水电的平均开发度已在 60% 以上，其中美国水电资源已开发约 82%，日本约 84%，加拿大约 65%，德国约 73%，法国、挪威、瑞士也均在 80% 以上。

随着大坝建设在 20 世纪的高速发展，国内外不同领域的专家、学者对水电作为清洁、可再生能源具有重要作用和大坝在满足人们许多重要需求方面具有十分客观的认识，也从不同角度进行了深化，同时也提出了各种疑问。这些问题在水利水电领域内外引起了广泛的关注和讨论，也曾引起了世界银行、亚洲开发银行等国际组织和有关国家的重视。目前，围绕水电开发与可持续发展而展开的这场争论在国外已开始转向重新关注水电的开发。

亚洲国家中，除中国目前正大力发展水电外，印度、土耳其、尼泊尔、老挝、越南、巴基斯坦、马来西亚、泰国、缅甸、菲律宾、斯里兰卡、哈萨克斯坦、吉尔吉斯坦、约旦、黎巴嫩、叙利亚等国家也都有大型的水电项目正在建设。日本、朝鲜水电开发程度较高，大型的抽水蓄能项目建设速度比较快。

基本小知识

世界银行

世界银行是一个国际组织，其一开始的使命是帮助在第二次世界大战中被破坏的国家的重建。今天它的任务是资助国家克服穷困。各机构在减轻贫困和提高生活水平的使命中发挥着独特的作用。

非洲国家的水电开发度、水资源调控能力都比较低，60 米以上高坝总共 11 座，目前有 20 多个非洲国家在建水电工程。

欧洲在建装机 2270 兆瓦，分布在 23 个国家。西班牙、意大利、希腊、罗马尼亚建坝相对较多，德国也有一座 90 多米的高坝在建。

北美洲有 5790 兆瓦的水电工程在建，分布在 10 个国家。北美洲国家中美国、加拿大都有新的大坝建设，美国有 2 座 60 米以上的大坝在建。加拿大魁北克未来 10 年水电计划增加 20% 的装机。

南美洲目前高坝建设比较多，在建、待建 200 米左右的大坝不少，主要集中在巴西、委内瑞拉、阿根廷等国家。

在大洋洲，灌溉建坝、小水电开发建坝及电站更新改造项目不少，但规模都不大，规划待建的水电项目有 647 兆瓦。

水电发达国家开发状况

下面介绍几个水电发达国家的开发状况。

◎ 美国水电开发

美国的水电开发已有 100 多年的历史。美国水电开发最集中的为哥伦比亚河，其干流上游在加拿大，中下游在美国境内。在美国境内的干流上已建成 11 座大型水电站，总装机容量为 19850 兆瓦；在各支流上已建成水电站 242 座，总装机容量为 11070 兆瓦。干流、支流合计装机容量 30920 兆瓦，占全国水电总容量的 33%。美国已建成 1000 兆瓦以上的大型常规水电站 11 座，其中 6 座在哥伦比亚支流上。

美国政府于 1933 年组建田纳西河流域管理局，对田纳西河流域进行综合开发和管理。经过十几年的努力，在田纳西河干支流上建起 54 座水库、30 座水电站（装机 609 万千瓦）、9 个梯级 13 座船闸，使其成为一个具有防洪、航运、发电等综合效益的水利网。

田纳西河流域管理局作为田纳西河流域唯一的综合开发主体，按照"总体规划，分步实施，以上游大水库带动下游小水库，综合利用各种有利因素使效益最大化"的模式统筹进行流域梯级开发，其开发模式成为流域开发的成功典范。

在第一次世界大战期间，水电项目持续不断地为西部地区的农场和牧场提供水和电力。它也帮助解决了整个国家吃和穿的问题，并且电力方面的财政收入成为美国政府的重要收

拓展阅读

田纳西河

田纳西河是美国东南部河流，俄亥俄河第一大支流。流经田纳西州和亚拉巴马州，于肯塔基州帕迪尤卡附近注入俄亥俄河。长约1450千米，流域面积约10.6万平方千米。大部分流经阿巴拉契亚高原区，上中游河谷狭窄，落差较大，多急流，水力资源丰富。下游河谷较开阔，从帕迪尤卡至弗洛伦斯之间450千米河道，通航便利。

入来源。20世纪30年代的经济大萧条，伴随着在西部地区普遍发生的水灾和旱灾，刺激了多用途复垦项目的建设，例如，哥伦比亚河上的大古力水坝、科罗拉多河下游的胡弗大坝以及加利福尼亚的中央河谷项目。那些大坝所生产出的低成本水电对城市和工业的发展产生了深远的影响。

随着第二次世界大战的爆发，美国国内对水电的需求飞速增长，在战争爆发后，轴心国所拥有的电力资源是美国的3倍。1942年，为了生产足够的铝以满足美国建造60000架新飞机的目标，仅此一项就需要用电85亿千瓦时。水电在迅速扩大全国的能源产量方面提供了一种最好的途径。在西部地区的大坝上所修建的水电站使得能源生产的扩展成为可能。

美国近期水电发展的趋势：

（1）对原有水电站进行扩建，增大装机容量，使原来担负电力系统基荷的改变为担负峰荷。如哥伦比亚河的大古力水电站由过去的装机容量1974兆

广角镜

"轴心国"名称的来历

轴心国，指在第二次世界大战中结成的法西斯国家联盟，领导者是纳粹德国、意大利和日本及与他们合作的一些国家和占领国。名称源于1936年11月1日意大利法西斯独裁者墨索里尼在《德意同盟条约》签订后不久对此评价的一次演说："柏林和罗马的垂直线不是壁垒，而是轴心"，因柏林和罗马在同一经度线上，因此，后人就把法西斯同盟称为"轴心"，参加国称为"轴心国"。

瓦，在1979年扩建至6494兆瓦，1998年又增容至6809兆瓦。

（2）在缺乏常规水能资源的地区发展抽水蓄能电站，配合电站的高压温火电机组在电力系统中担负填谷调峰任务。美国的抽水蓄能电站1960年为87兆瓦，至1998年已发展到18890兆瓦，其中装机容量1000兆瓦以上的抽水蓄能电站8座，最大的是巴斯康蒂抽水蓄能电站。

（3）重新开发小水电，对过去为防洪、灌溉、航运而修建的堤坝和水库增装机组发电。

◎ 加拿大水电开发

加拿大国土面积约997.6万平方千米，其水能资源在一次能源总消费的构成中占25%，是世界各国中比较高的。加拿大的水电开发，早期主要在人口较多和经济发达的南部地区，后来转向北部边远地区。1998年，水电装机容量65726兆瓦，居世界第2位；水电年发电量3500亿千瓦时，居世界首位。它的水能资源开发利用程度为35.7%。

20世纪70年代起，加拿大在詹姆斯湾地区集中开发拉格郎德河。从1973年开始，陆续开工兴建了3座大水电站，装机容量分别为5330兆瓦、2300兆瓦和2640兆瓦，至1985年即12年内完成全部10270兆瓦的装机。随后，加拿大魁北克水电局负责对其进行统一运营，取得了显著效益：

（1）经济效益显著。由于发电成本很便宜，拉格朗德河流域的梯级水电站不仅供应本国用电需要，还通过更远的输电线路向美国东北部输电，经济效益显著。

（2）调节性能良好。拉格朗德河干流加上临近河流的跨流域调水，共计总库容大于 2100 亿立方米，有效库容达 990 亿立方米，是总的年径流量 928 亿立方米的 1.07 倍，调节性能非常好。

（3）跨流域集中开发。规划中考虑从相邻河流进行跨流域调水，集中到一条河流上进行梯级开发，扩大其发电能力，经济效益进一步提升。

◎ 挪威水电开发

挪威国土面积约 38.69 万平方千米。平均年降水量 1380 毫米，降雪较多。山地和高原面积占全国国土面积的 $\frac{2}{3}$，高原湖泊众多，地形高差大，水能资源较丰富。

挪威于 1885 年建成第 1 座小水电站，1950 年水电装机容量为 2900 兆瓦，1998 年增加到 27410 兆瓦。1998 年水电装机容量占电力总装机容量的 98.9%，水电发电量 1163 亿千瓦时，占总电量的 99.4%。水能资源开发利用程度达 58.2%。利用天然的高山湖泊和兴建的水库群蓄存的水能达 633 亿千瓦/年，约相当于年发电量的 60%，可以根据要求放水发电，供电性能良好。

挪威所建水电站大多地质条件较好，采用长隧洞和地下式厂房的较多，80% 装机容量的水电站厂房设在地下。地下工程可全年施工，不受寒暑和雨雪影响，还可避免滑坡问题，

拓展阅读

北欧概述

北欧一般指挪威、瑞典、芬兰、丹麦和冰岛 5 个国家，包括各自的海外自治领地，如法罗群岛等。北欧西临大西洋，东连东欧，北抵北冰洋，南望中欧，总面积 130 多万平方千米。北欧的冬季漫长，气温较低，夏季短促凉爽。北欧国家的人口密度相对较低，经济水平则最高，生活非常富足，福利保障极度完善。丹麦、瑞典等国的人均国民生产总值均居世界前列。

管理和维护费用也较低。此外，挪威所建水电站的水头较高，70％水电容量的水头在 200 米以上，最高达 1100 米。

挪威的电力开发有 4 个特点：①是水电在电力工业中的比重长期维持在 99％左右，几乎全部靠水电；②是 1998 年总消费电量按人口平均每人达 27864 千瓦时，为美国的 2 倍多，为日本的 3.3 倍，电气化程度较高；③是水能在总能源消费量的比重相当大，1970 年为 37％，1998 年上升到 49％；④是挪威利用 35％的廉价水电发展铝、镁、铁合金和碳化硅等耗电工业，将其产品的 80％~90％出口，等于以水电出口赚取外汇。

挪威在北欧电力合作组织中起着重要作用，与邻国瑞典和丹麦有多条输电线路相联网。当夏季邻国电能有余时以低价买进，把自己的水能尽量储存在高山湖泊和水库群中；到冬季邻国电力负荷高峰期时再以高价卖出。电力输出和输入相抵后，每年净输出几十亿千瓦时的电量，取得显著的经济效益。

◎ 瑞士水电开发

瑞士国土面积约 4.13 万平方千米，境内多高山，地形高差很大。山区年降水量高达 2000~3000 毫米，谷地 600~700 毫米，平均年降水量 1470 毫米。河流平均年径流量 535 亿立方米。冬季积雪量大，在春末夏初的融雪季节，径流集中，流量较大。森林植被覆盖很好，河流泥沙含量很少。

瑞士于 1882 年建成第一座小型水电站，其电力工业一直以水电为主，过去水电比重长期在 90％以上，至 20 世纪 70 年代才开始有所下降。1998 年，全国水电装机容量 11980 兆瓦，年发电量 345 亿千瓦时，分别占电力总容量和总发电量的 74.3％和 56.3％。

瑞士水能资源开发利用程度高达 84.1％。瑞士对其水能资源，不论河流的大小和落差的高低，都千方百计地加以利用，并常常跨流域引水取得更大的水头。为了充分地利用高山溪流分散的水能资源，瑞士常把许多小溪小沟的细流，通过沿山修建的长隧洞和管道集中到一个水库后引水发电。有的小溪流引水处比较低，还建水泵站抽水注入水库，而利用它发电时所得的水头比抽水扬程高出许多，仍属经济，这也是一种抽水蓄能的方式。

瑞士在高山峡谷区所建的高坝不少，坝高在 100 米以上的有 25 座，其中超过 200 米的有 4 座。最高的为大狄克孙坝，高 285 米，是世界上已建最高的重力坝；其总库容 4 亿立方米，也是瑞士最大的水库。1998 年，又另建通过长 15.9 千米的隧洞引水，水头 1883 米，安装 3 台各 400 兆瓦冲击式机组，装机容量 1200 兆瓦的克留孙水电站。前后由大狄克孙高坝水库引水的 4 座水电站，总装机容量达 2047 兆瓦。这是世界上已建水头

广角镜

瑞士的气候概况

瑞士夏季不热，冬季很冷。但是它的地理位置与多变的地形又造成当地气候的多样性。阿尔卑斯山区南部属地中海气候，夏季干旱、冬季温暖湿润。阿尔卑斯山区以北地区气候具有明显的过渡性，自西向东，由温和湿润的温带海洋性气候向冬寒夏热的温带大陆性气候过渡。全国降水量在 1000～2000 毫米。降水也深受地形的影响，高山峻岭处降水量远远超过中部高原一些地区和河谷地带。

1000 米以上的最大水电站，所用的 400 兆瓦冲击式机组，也是世界上最大的高水头机组。这种水电站主要担负峰荷，还可以在丰水期多蓄水少发电，待枯水期多发电，以补偿径流电站的不足。

瑞士在平原地区也建有不少低水头径流式电站，担负电力系统中的基荷。这些电站能提供全国水电发电量的 40% 左右。

瑞士在西欧联合大电网中占据着重要的位置，与相邻的奥地利、意大利、法国、德国有 29 条输电线路联网。基本上是夜间低谷时输入廉价电能，白天高峰时输出高价电能，丰水期有多余电能时也输出，总计输出多于输入。

据瑞士联邦能源局统计数据，目前瑞士拥有规模大小不同的 1272 座水电站，其中 62% 为水库调节电站，38% 为径流式电站，总装机容量约为 1387 兆瓦，年均发电量约为 480 亿千瓦时，为该国本土提供了 60% 左右的电能。现在水电已经成为瑞士最重要的能源，而且瑞士现已成为世界上单位地表面积

水电产量最高的国家。此外,瑞士不仅利用水力发电保证了本国电力的自给自足,丰水期还从事水电出口,每年地处阿尔卑斯山区各州靠利用水力所创造的经济价值巨大。

拓展阅读

阿尔卑斯山脉与欧洲河流

阿尔卑斯山脉,欧洲中南部大山脉。阿尔卑斯山脉也是欧洲许多河流的发源地和分水岭。多瑙河、莱茵河、波河、罗讷河都发源于此。山地河流上游,水流湍急,水力资源丰富,有利于发电。

◎日本水电开发

日本国土面积约37.78万平方千米,其中山地和丘陵约占$\frac{3}{4}$。平均年降水量1400毫米,河流平均年径流量5470亿立方米。河流坡陡流急,水能资源比较丰富。

日本燃料资源贫乏,煤、油、气都要靠进口,水能资源是国家的主要能源。自1892年建成第一座小型水电站以来,日本长期执行"水主火从"的电力工业方针,过去水电比重曾达80%~90%,直至1960年还超过50%。后来利用进口廉价石油大量发展火电。20世纪70年代以来又积极发展核电,水电比重逐步下降。1998年,水电装机容量为45343兆瓦(包括抽水蓄能),年发电量为1026亿千瓦时,分别占电力总装机容量和总发电量的18.1%和9.6%。

日本没有大河流,而中小河流很多,水电开发以10~200兆瓦的中型水电站为主,10兆瓦以下的小型水电站也不少,最大的常规水电站装机容量为380兆瓦。已建200兆瓦以上的大型水电站共7座,合计装机容量2150兆瓦,占常规水电总装机容量21390兆瓦的10%。

日本初期所建的水电站大都为引水式径流电站,20世纪50年代以来才修建具有水库调节性能的较大水电站,但大多在山区河流的深山峡谷中建坝,所得库容不大。如已建的 100 米以上的高坝 50 多座，其中最高的黑部第四拱坝，高 186 米，总库容仅 2 亿立方米；最大的水库为奥只见水库，总库容也只有 6.01 亿立方米。

日本从 20 世纪 70 年代起，对一些河流进行了重新开发，废弃原有小水电站，重建较大水电站，使水能资源得到更好的利用。例如手取川上原有小水电站 19 座，共计装机容量 132 兆瓦，重新开发后，新建 3 座较大水电站，总装机容量达 367 兆瓦，为原有容量的近 3 倍；再如新高濑川原有小水电站 27.4 兆瓦，改建成 1 座大型抽水蓄能电站后，总装机容量 1280 兆瓦，为原有容量的 47 倍。

广角镜

日本河流的特征

日本的地形是中部为山地，沿海为平原，所以日本的河流大多发源于中部山地，向东西两侧流入太平洋和日本海。日本东西狭窄，加之山势陡峭，河流多短而急促。此外，日本所处位置令它受到季风和洋流交汇的影响，因此四季分明、降水充沛。而夏秋两季多台风，6 月份多梅雨，因此河流在梅雨和台风季节，水量增大。综上所述，日本河流众多，单条河流流域面积小，而全国总流域面积较大；河流长度短，水流速度快，河水流量夏秋大、冬春小。

日本大量发展火电机组和核电站，这些电站只适宜担负电力系统基荷，缺乏调峰容量，而可开发的常规水电站地址又不多，因此需要大量兴建抽水蓄能电站。1960 年日本抽水蓄能电站装机容量仅 72 兆瓦，至 1998 年已发展到 23953 兆瓦，居世界前列。这些抽水蓄能电站装机容量大多在 200 兆瓦以上，其中 1000 兆瓦以上的有 12 座，最大的为奥多多良木抽水蓄能电站。

◎ 巴西水电开发

巴西国土面积约 854.74 万平方千米，平均年降水量 1954 毫米，河流平均年径流总量 69500 亿立方米，居世界各国之冠。巴西水能资源主要分布在 3 大水系：东南地区的巴拉那河水系，占 27.2%；东北地区的圣弗朗西斯科河

水系，占 8.6%；北部的亚马孙地区，占 46.3%。其他小支流占 17.9%。

广角镜

"魔鬼之喉"——伊瓜苏大瀑布

伊瓜苏大瀑布位于巴西与阿根廷交界处的伊瓜苏河上，形成于 1.2 亿年前。1542 年，它被西班牙人发现。大瀑布由 275 个瀑布组成，最大的瀑布跌水 90 米，流量 1500 立方米/秒，被称为"魔鬼之喉"。大瀑布的 $\frac{3}{4}$ 在阿根廷境内。

巴西 1950 年仅有水电装机容量 1540 兆瓦，居世界第十二位；1998 年发展到 56481 兆瓦，跃居世界第四位，仅次于美国、加拿大、中国。从 1950～1998 年的 48 年中，水电装机容量平均年增长率达 7.8%，是水电发展很快的国家。

巴西的电力工业历来以水电为主，1998 年的水电比重按装机容量为 92.1%，按年发电量为 93.5%。巴西的电力在能源总消费量中的比重，1974 年为 20.4%，1984 年增加到 32.3%，使石油和天然气消费量的比重大幅度降低。减少对外来能源的依赖性，这是巴西长期坚持的能源和电力发展政策。

巴西的水电开发，早期是在经济比较发达的东南地区开发沿海的一些小河流，以中小型水电站为主；20 世纪 60 年代开始开发巴拉那河流域，先支流后干流，先上游后下游。巴拉那河干流已建大型水电站 4 座，总装机容量 19030 兆瓦；各支流已建水电站 27 座，总装机容量 27900 兆瓦。圣弗朗西斯科河已建大型水电站 5 座，共计装机容量

拓展阅读

铝矾土矿的主要用途

①炼铝工业。用于国防、航空、汽车、电器、化工、日常生活用品等。②精密铸造。矾土熟料加工成细粉做成铸模后精铸。用于军工、航天、通讯、仪表、机械及医疗器械部门。③硅酸铝耐火纤维。具有重量轻、耐高温，热稳定性好，导热性差，热容小和耐机械震动等优点。④制造矾土水泥，研磨材料，用于陶瓷工业和化学工业。

11450 兆瓦。

亚马孙河是世界上最大的河流，流域大部分在巴西境内，干流河道很宽，落差较小，不宜建水电站，而各支流的水能资源则很丰富，但位于人口稀少的边远丛林地区，开发很少，仅在小支流上建了一些中小型水电站。20 世纪 70 年代以后，巴西有意转向开发边远地区，在亚马孙地区东部的托坎廷斯河上兴建图库鲁伊水电站，并利用当地丰富的铁矿和铝矾土矿等资源，发展北部地区的经济。

巴西已建成 1000 兆瓦以上的大水电站 23 座，1975 年同时开工建设两座规模巨大的水电站：一座在南部，与巴拉圭合建世界上最大的伊泰普水电站，装机容量 12600 兆瓦；另一座是图库鲁伊水电站，设计装机容量 8000 兆瓦，初期装机 4245 兆瓦。两座水电站都于 1984 年开始发电。

水坝的影响

◎ 水坝对环境的影响

水力发电有诸多优势。水能是一种取之不尽、用之不竭、可再生的清洁能源。但为了有效地利用天然水能，需要人工修筑能集中水流落差和调节流量的水利建筑物，如大坝、引水管涵等，因此工程投资大、建设周期长，但水力发电效率高，发电成本低，机组启动快，调节容易。由于利用自然水流，受自然条件的影响较大。水力发电往往是综合利用水资源的一个重要组成部分，与航运、养殖、灌溉、防洪和旅游组成水资源综合利用体系。

水力发电也有一些不利方面，如需筑坝移民，基础建设投资大；水坝属战略设施，战时是打击目标；水坝倒塌会严重影响下游安全等。

而修建大中型水库过程中与建成之后，对环境也会产生一定的影响，主要包括以下方面：

自然方面。巨大的水库可能会引起地表的活动，甚至诱发地震。此外，还会引起流域水文上的改变，如下游水位降低或来自上游的泥沙减少等。水库建成后，由于蒸发量大，气候凉爽且较稳定，降雨量减少。

生物方面。对陆生动物而言，水库建成后，可能会造成大量的野生动植物被淹没死亡，甚至全部灭绝。对水生动物而言，由于上游生态环境的改变，会使鱼类受到影响，导致灭绝或种群数量减少。同时，由于上游水域面积的扩大，使某些生物（如钉螺）的栖息地点增加，为一些地区性疾病（如血吸虫病）的蔓延创造了条件。

知识小链接

血吸虫病

血吸虫病是一种严重危害人类健康的寄生虫病。感染人的血吸虫主要有6种：埃及血吸虫、曼氏血吸虫、日本血吸虫、湄公血吸虫、间插血吸虫和马来血吸虫，以前三种流行最广。我国为日本血吸虫流行区，是日本血吸虫病4个流行国中受危害最严重的国家，也是全球血吸虫病危害最严重的4个国家之一。

物理化学性质方面。流入和流出水库的水在颜色和气味等物理化学性质方面发生改变，而且水库中各层水的密度、温度，甚至溶解氧等都有所不同。深层水的温度低，而且沉积库底的有机物不能充分氧化而处于厌氧分解，水体的二氧化碳含量明显增加。

社会经济方面。修建水库可以防洪、发电，也可以改善水的供应和管理，有利于农田灌溉，但同时亦有不利之处。如受淹地区城市搬迁、农村移民安置会对社会结构、地方经济发展等产生影响。如果整体、全局计划不周，社会生产和人民生活安排不当，还会引起一系列的社会问题。另外，自然景观和文物古迹的淹没与破坏，更是文化和经济上的一大损失。应当事先制定保护规划和落实保护措施。

◎ 水库与地震

人类大规模的工程建设活动会引发地震。水库诱发地震是人工湖在蓄水初期出现的，与当地天然地震活动特征明显不同的地震现象，亦简称为水库地震。水库诱发地震具有多种成因，其发震机理和诱震因素十分复杂，目前还没有完全为人们所认识。

世界上一部分大型和特大型水库蓄水后都伴有地震活动。观测研究表明，相当一部分水库蓄水后的地震活动水平和活动特征都与蓄水前具有明显的差异，特别是高坝大库蓄水后地震活动明显增多的例子较多。水库诱发地震在时间和空间分布、震源机制、序列特征等诸多方面与天然构造地震相比较，有其自己独有的特征。

通常，水库诱发地震的震中都紧邻重要水工设施，特别是水库诱发中强的地震多发生在库坝附近的深水库区及其周边地区。水库诱发地震的震源浅，震中烈度高，破坏性大。水库诱发中强以上的地震不仅可能会造成水利设施的毁坏，而且还可能引起严重的次生灾害。20 世纪 40 年代以来，世界上已有34 个国家的 134 座水库被报道出现了水库诱发地震的情况，其中得到较普遍承认的超过 90 座。有 3 例发生了 6 级以上地震，他们是赞比亚 – 津巴布韦的卡里巴（1963 年，6.1 级）、希腊的克里马斯塔（1966 年，6.3 级）和印度的柯依那（1967 年，6.5 级）。

知识小链接

震 源

地球内部岩层破裂引起振动的地方称为震源。它是有一定大小的区域，又称震源区或震源体，是地震能量积聚和释放的地方。人为因素引起的地震的震源称人工震源。天然地震震源和人工爆破震源的性质有很大区别。一般而言，天然地震主要发生在断层上，以剪切错动为主；而人工爆破震源却是以一点为中心向周围膨胀的过程。

　　柯依那水库发生的 6.5 级地震是目前世界上最大的诱发地震震例。该地震使柯依那市大多数砖石房屋倒塌，死伤约 2500 人。坝高 128 米的卡里巴水库是世界上库容最大的水库，库区历史上无地震活动记载。蓄水诱发的 6.1 级主震发生在开始蓄水 4 年后。坝高 165 米的克里马斯塔水库虽然位于地震活动活跃区内，但蓄水前的 100 多年中从未在库区内观测到大于 6 级的构造地震。克里马斯塔是蓄水后唯一发生了 4 次 6 级以上水库诱发地震的例子，且蓄水后仅 6 个月即发生了第一次 6.2 级地震。

基本小知识

构造地震

　　构造地震亦称断层地震。地震的一种，由地壳（或岩石圈，少数发生在地壳以下岩石圈上的地幔部位）发生断层而引起。地壳（或岩石圈）在构造运动中发生形变，当变形超出了岩石的承受能力，岩石就发生断裂，在构造运动中长期积累的能量迅速释放，造成岩石振动，从而形成地震。波及范围大，破坏性很大。

　　水库诱发地震的发生是有条件的，并不是所有的水库蓄水都会诱发地震。研究表明，水库诱发地震有两种重要的类型：快速响应型和滞后响应型。快速响应型水库诱发地震与水库水位变化密切相关，水库蓄水后，很快发生地震。快速响应型地震的成因之一是岩溶塌陷或气爆，多发生于溶洞发育的石灰岩库段。水库载荷引发的地震也属快速响应型地震的范畴。另一类型地震则要在开始蓄水相当长一段时间后才发生。他的滞后时间长短各不相同，一般为数月到数年不等。滞后响应型水库地震释放构造能，它的发生与库水沿断层渗透、断层面摩擦系数降低和岩石抗剪强度降低有关。因此，这一类型地震的强度与水库水位的变化的关系不明显。构造型诱发地震的强度主要取决于发生地震的构造储能，与蓄水时间的长短无关。破坏性大的水库诱发地震多为滞后型地震。

你知道吗

溶洞是怎样形成的

溶洞的形成是石灰岩地区地下水长期溶蚀的结果。石灰岩里不溶性的碳酸钙受水和二氧化碳的作用能转化为微溶性的碳酸氢钙。由于石灰岩层各部分含石灰质多少不同，被侵蚀的程度不同，就逐渐被溶解分割成互不相依、千姿百态、陡峭秀丽的山峰和奇异景观的溶洞。

从目前的研究成果看，水库诱发地震的基本的特征主要表现为以下方面：

（1）时间特征。诱发地震的产生和活动性与水库蓄水密切相关。70% 左右的水库诱发地震初次发震时间发生在蓄水后一年内。主震发生的时间距初震为一至数月的比例较高。一般的规律是水位上升伴随地震活动性增加，水位下降则地震活动性减弱。也有个别水位与地震活动性成负相关的例子，蓄水后水位下降反而出现了诱发地震。按水库蓄水和地震活动性的时间差，还可以将其分为快速响应型和滞后响应型。

知识小链接

地震序列

一个地震序列中最强的地震称为主震；主震后在同一震区陆续发生的较小地震称为余震；主震前在同一震区发生的较小地震称为前震。地震序列是在一定时间内，发生在同一震源区的一系列大小不同的地震的总称，其发震机制具有某种内在联系或有共同的发震构造。

（2）空间特征。水库地震的震中大多分布在水库及其附近，特别是大坝附近的深水库区容易诱发较大的地震。水库诱发的地震一般距水域线不超过十几千米，且相对集中在一定的范围之内。水库诱发地震的震源深度一般很浅，多数在数百至数千米范围内，很少有超过 10 千米例子。

（3）强度特征。多数水库诱发地震的最高震级不超过 3 级。据资料统计，世界上诱发了 5 级以上中强震的水库有 20 余例，而诱发 6 级以上强震的水库只有 4 例。水库地震的震中烈度较高，一般为 V 度，诱发 3 级以上地震震中烈度达 VI 度的例子也不少。

基本小知识

地震烈度

同样大小的地震，造成的破坏不一定是相同的；同一次地震，在不同的地方造成的破坏也不一样。为了衡量地震的破坏程度，科学家"制作"了一把"尺子"——地震烈度。中国地震烈度表上，对人的感觉、一般房屋震害程度和其他现象做了描述，可以作为确定烈度的基本依据。影响烈度的因素有震级、震源深度、距震源的远近、地面状况和地层构造等。

（4）活动特征：水库诱发地震主要有前震－主震－余震型和震群型两大类，且以具有快速响应特征的震群型居多。代表水库地震的震级－频度关系的 B 值较同样震级的天然构造地震的 B 值偏高。构造型水库诱发地震的活动持续时间长，余震频繁，衰减慢且强度亦高。

（5）波谱特征。水库地震的高频能量丰富，多数伴有可闻声波。国外有观测到优势频谱为 70 ~ 80 赫兹甚至更高的报道。

地球上人类的活动，将不可避免地对地壳的地质结构造成一定程度的影响。但是，与地壳地质结构的广大尺度和高应力积累相比较，人工结构如大坝、水库等所产生的影响毕竟有限。研究表明：水库蓄水有时可能会诱发一定程度的库区地震，但是一般此类地震的震级都不大。而且，水库诱发地震的地震序列和天然地震相比有着较为明显的区别。

也有人认为，在很多情况下水库诱发的地震，有助于该地区地震能量的提前释放，对于减小地震灾害的破坏性也有一定的积极作用。

水电发展的前景

整个 20 世纪，人类已经消耗了 1420 亿吨石油、2650 亿吨煤。目前，全球已探明的石油剩余可采储量仅为 1400 多亿吨，天然气的剩余可采储量为 150 亿立方米。世界煤炭的储量虽然多一些，但是如果按目前的消费速度，在 100 多年以后也将枯竭。

所以，要实现人类社会的可持续发展，必须要将世界的能源

你知道吗

矿产资源

矿产资源指经过地质成矿作用，使埋藏于地下或露出于地表，并具有开发利用价值的矿物或有用元素的含量达到具有工业利用价值的集合体。矿产资源是重要的自然资源，是社会生产发展的重要物质基础，现代社会人们的生产和生活都离不开矿产资源。

结构尽快地转变到以可再生能源为主。可再生能源与矿产资源有着本质的不同，它是时间的变量，利用的时间越长资源量越多；反之它也不能保存，不管你是否利用它，它都将随时间消失。所以优先开发使用可再生能源就是最大的节能。尽管风能、太阳能发电技术具有更广阔的发展前景，但是按照现有的技术水平，风力和太阳能等其他可再生能源发电技术还不能满足大规模的社会需求。

当前，全世界大约 20% 的电力是来自水电，而其他可再生能源的发电的比重还很小。水电是目前唯一一种技术上比较成熟的、可以进行大规模开发的可再生能源。

首先应该认识到，水电的可再生能源作用不能替代。

可再生能源主要有风能、太阳能、水能和生物能，此外还有一些像潮汐、地热等，但所占比重较少。生物能有广阔的应用前景，国外虽然已有比较先进的生物能应用技术，但由于生物能的原料也必须通过种植产生，使其可再

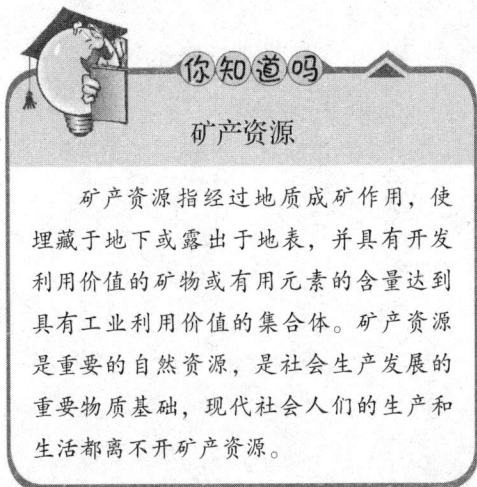

生性受到很大限制。

拓展阅读

地热概述

地热是来自地球内部的一种能量资源。地球上火山喷出的熔岩温度高达 1200℃～1300℃，天然温泉的温度大多在 60℃ 以上，有的甚至高达 100℃～140℃。这说明地球是一个庞大的热库，蕴藏着巨大的热能。这种热量渗出地表，于是就有了地热。地热能是一种清洁能源，是可再生能源，其开发前景十分广阔。

太阳能和风能资源非常丰富，且具有广阔的应用前景，但是需要解决了大规模储能技术之后，才能和水能一样大规模地应用。目前的太阳能、风能与水能相比，最主要的区别在于它们是随机的、分散的，且效率不高。太阳能是永恒的，但也随时间、气象而变化，黑夜、阴雨不能发电；风能则更是，天有不测风云，不能人为控制。在发电效率方面，欧美目前有一些风车规模迅速增大，

有的风力发电机比旧机组效率高出 10 倍，但是其发电量还是不能与一个中型水力发电站相比。

一些发达国家设想组成风力发电电网，但问题很多，其作用还远不能与火电、水电、核电相比。根据以色列一家国际知名的太阳能研究机构的实验研究表明，目前较为成熟的太阳能大规模发电应用，仅仅停留在依靠太阳能对火电厂的循环水进行预加热，减少烧燃料消耗的阶段。由

广角镜

太阳能发电的方式

太阳能的大规模利用是用来发电。利用太阳能发电的方式有多种。目前已使用的主要有以下两种：1. 光—热—电转换。即利用太阳辐射所产生的热能发电。一般是用太阳能集热器将所吸收的热能转换为蒸气，然后由蒸气驱动气轮机带动发电机发电。前一过程为光—热转换，后一过程为热—电转换。2. 光—电转换。它的基本原理是利用光生伏打效应将太阳辐射能直接转换为电能，它的基本装置是太阳能电池。

于风能、太阳能的这种缺陷，一般来说太阳能、风能目前还主要是在农业用电上起到辅助的作用，或者通过蓄电池构成小型独立电源为边远地区提供生活用电。联合国一直在帮助发展中国家推广风力发电技术，但目前大都停留在解决边远分散地区的生活供电方面，仍难以形成强大的电网。

与太阳能、风能不同，水能虽然同样是可再生性的清洁能源，但其性质有较大的区别。水力发电的水量主要靠河流和降雨，虽然具有随机性，但是通过建造水库，水量是可以积聚、储存的，因此水电可以在一定的时间阶段内被人为控制。水力发电的这一优点使其除了提供可再生的清洁能源外，还具有水电机组的启动、停机迅速的特点，可用来调整负荷，在电网中进行调峰、调频和作为事故备用。现代电网的规模正在日益扩大，不仅有全国电网，

你知道吗

自动化

机器或装置在无人干预的情况下按规定的程序或指令自动进行操作或控制的过程，其目标是"稳、准、快"。自动化技术广泛用于工业、农业、军事、科学研究、交通运输、商业、医疗、服务和家庭等方面。采用自动化技术不仅可以把人从繁重的体力劳动，部分脑力劳动以及恶劣、危险的工作环境中解放出来，而且能扩展人的器官功能，极大地提高劳动生产率，增强人类认识世界和改造世界的能力。

有的地区甚至具有了统一的跨国电网。虽然自动化、信息化、控制技术日益提高，但因电网运行复杂，情况多变，及时调节和保障安全困难很多，如果电网中缺少必要的调节备用电源，难免事故频发。现代电网供电的效益、安全不能缺少强大的可快速调节的发电装机容量。目前对电网负荷方便、快速的调节，大都依赖于大容量水电站或者专门建设抽水蓄能电站。因此，世界各国近年来对抽水蓄能电站的建设非常重视，在一些发达国家，抽水蓄能电站的作用已经超过常规水电。在目前情况下，随着电力应用的规模扩大，需要建设更多的水电站补充电网的调节性，对于那些水电资源缺乏的国家和地区，也必须建设足够的抽水蓄能电站。

广角镜

世界石油分布

石油的分布从总体上来看极端不平衡：从东西半球来看，约 $\frac{3}{4}$ 的石油资源集中于东半球，西半球只占 $\frac{1}{4}$；从南北半球看，石油资源主要集中于北半球；从纬度分布看，主要集中在北纬20°~40°和北纬50°~70°两个纬度带内。波斯湾及墨西哥湾两大油区和北非油田均处于北纬20°~40°内，该带集中了51.3%的世界石油储量；北纬50°~70°纬度带内有著名的北海油田、俄罗斯伏尔加及西伯利亚油田和阿拉斯加湾油区。约80%可以开采的石油储藏位于中东地区。

在环境方面，随着全球工业化进程的加快，能源的生产与消费规模急剧增加，环境排放污染严重。目前，煤炭燃烧造成的二氧化硫、粉尘等有害气体的污染，已经可以通过技术得到控制。但是，由于化石燃料和石油衍生能源在燃烧后，产生的大量的二氧化碳、甲烷、氧化亚氮等温室气体，尚无有效的解决方法。这些气体吸收太阳辐射并阻止这些辐射由大气层向地外空间发散，能量的长期积聚造成了全球气候不断升温。研究表明，当二氧化碳浓度达到一定数值时，气候变化将导致全球水循环的加剧，对区域性水资源产生重大影响，对局部农林业生产也将造成严重后果，引发频繁的自然灾害，直接威胁人类的生存环境。1992年6月，在巴西召开的联合国环境与发展大会上，包括中国在内的166个国家签署了《联合国气候变化框架公约》。1997年12月1日召开的京都缔约方大会上，形成了具有法律约束力的《京都议定书》。它规定发达国家均要限制6种温室气体的排放量，2008~2012年要在1990年排放水平上至少减少5%。在这种形势下，利用清洁的水力发电便作为一种减少温室气体排放的明智选择。世界上大约有经济可开发的水资源8.8万亿千瓦时/年，如能够充分开发利用可替代燃烧原煤40多亿吨/年，相当于每年可减少二氧化碳的排放量将近100亿吨。

基本小知识

《京都议定书》

《京都议定书》全称《联合国气候变化框架公约的京都议定书》，是《联合国气候变化框架公约》的补充条款。它是 1997 年 12 月在日本京都由联合国气候变化框架公约参加国三次会议制定的。它的目标是"将大气中的温室气体含量稳定在一个适当的水平，进而防止剧烈的气候变化对人类造成的伤害"。2011 年 12 月，加拿大宣布退出《京都议定书》，成为继美国之后第二个签署后又退出的国家。

此外，水电开发具有重要的扶贫作用。据联合国估算，目前全世界还约有 20 亿人口没有充足的电力供应。在许多发展中国家里，电力供应的短缺，不仅制约着社会经济的发展，也严重地影响着人民生活的质量。2002 年，在南非约翰内斯堡召开的第一届可持续发展世界首脑会议达成共识：一个多数人贫穷、少数人繁

你知道吗

可持续发展

可持续发展指既满足当代人的需求，又不对后代人满足其需求的能力构成危害的发展。它们是一个密不可分的系统，既要达到发展经济的目的，又要保护好人类赖以生存的大气、淡水、海洋、土地和森林等自然资源和环境，使子孙后代能够持续发展和安居乐业。

荣的全球社会是不可持续的，要实现可持续发展，需要各国遵循"共同但有区别的责任的原则"。会议一致通过了支持在发展中国家开发水电的行动计划，承诺加大国家间推动包括水电在内的可再生能源领域的国际合作活动。2004 年 10 月，联合国水电与可持续发展国际研讨会在北京召开，会议围绕水电与可持续发展、环境友好的水电开发技术、已建水电站的管理、水电开发的决策、水电开发对经济和社会发展的作用和影响等水利、水电工程界十分关注的议题进行研讨，强调水电是重要的可再生能源，一致通过了《水电与可持续发展北京宣言》。在水能资源丰富的地区，进行水电开

发是摆脱贫困的明智选择。

世界著名水电站简介

◎ 伊泰普水电站

　　伊泰普水电站是当今世界装机容量第二大、发电量最大的水电站，位于巴拉那河流经巴西与巴拉圭两国边境的河段。巴拉那河发源于巴西东南部，流经 3000 千米在阿根廷汇入拉普拉塔河注入大西洋。坝内蓄满水后，形成了面积约 1350 平方千米、深度约 250 米、总蓄水量约 290 亿立方米的伊泰普人工湖。湖的大半部分在巴西，小半部分在巴拉圭境内。

壮观的伊泰普水电站

　　这里河水流量大，水流湍急。1973 年巴西与巴拉圭签订协议，共同开发河长 200 千米一段水力资源，历时 16 年，耗资 170 多亿美元，1991 年 5 月建成举世界瞩目的伊泰普水电站，坝址控制流域面积约 82 万千米，大坝全长约 7744 米，宽约 196 米，拦腰截断巴拉那河，形成面积约 1350 平方千米、库容约 290 亿立方米的人工湖。多年平均流量 8500 立方米/秒。坝址处在正常水位时河宽约 400 米，枯水期河槽宽约 250 米，基岩主要为坚硬完整的玄武岩。该电站总库容约 290 亿立方米，有效库容约 190 亿立方米。

玄武岩

　　玄武岩是一种地下岩浆从火山中喷出或从地表裂隙中溢出凝结形成的火成岩。玄武岩的主要成分是硅铝酸钠或硅铝酸钙，二氧化硅的含量是45%～52%，还含有较高的氧化铁和氧化镁，是一种细粒致密的黑色岩石。玄武岩根据其成分不同可以分为拉斑玄武岩、碱性玄武岩、高铝玄武岩；按其结构不同可分为气孔状玄武岩、杏仁状玄武岩、玄武玻璃；按其充填矿物不同可分为橄榄玄武岩、紫苏辉石玄武岩等。

　　根据巴西和巴拉圭在1997年初的决定，在原电站厂房的预留机坑扩建2台机组，到2001年伊泰普水电站由18台变为20台70万千瓦水轮发电机组，全电站总装机容量从1260万千瓦增加到1400万千瓦，可靠出力936万千瓦，多年平均发电量900亿千瓦时，为目前世界单机容量最大机组，年发电量可达900亿千瓦时。

　　水电站枢纽左岸属巴西，右岸属巴拉圭。水电站大坝为混凝土空心重力坝，全长约7700米，气势雄伟。主坝高约196米，相当于60层楼房高。大坝外侧整齐地排列着18根注水高压铜管，每根铜管的半径为10.5米。20台发电机组就安装在大坝的"腹中"，每台发电机的装机容量为

伊泰普水电站

70万千瓦。在长江三峡水电站建成之前，它拥有世界上最大的水力发电机组，其单机发电量可满足一座200万人口的城市用电。水电站总装机容量达1260万千瓦，是美国大古力水电站的1.2倍，前苏联克拉斯诺亚尔斯克水电站的2.1倍和埃及阿斯旺水坝的5.9倍。

　　伊泰普的兴建带动了巴西、巴拉圭建筑业、建筑材料和其他服务行业的

发展。水电站的建成是南美洲国家间相互合作的重要成果。它的发电量可满足巴拉圭的全部用电和巴西用电量的 35%，兼有防洪、航运、渔业、旅游及改善生态环境等综合效益。

但大坝的修建也带来其他的后果，比如塞特凯达斯瀑布的枯竭。塞特凯达斯瀑布是巴拉那河上一条世界著名的大瀑布，是世界水量最大瀑布群之一，实际由 18 个瀑布组成，水力极为丰富。瀑布总宽约 90 米，总落差约 114 米，瀑布声远至 40 千米。景色优美，为游览胜地。

塞特凯达斯瀑布

长期以来，塞特凯达斯瀑布一直是巴西和阿根廷人民的骄傲。世界各地的观光者纷至沓来，在这从天而降的巨大水帘面前，置身于细细的水雾中，感受着这世外桃源的清新空气。游客们常常为此陶醉不已，流连忘返。

拓展阅读

巴拉那河

巴拉那河发源于巴西高原曼蒂凯拉山脉，主源为 1290 千米长的格兰德河，汇合巴拉那伊巴河后始称巴拉那河。干流进入阿根廷境内，称下巴拉那河。自北向南流贯拉普拉塔平原，成为典型的平原型河流。自东北向西南，先后流经巴西、巴拉圭和阿根廷，最后注入拉普拉塔河。

位于瀑布上游的伊泰普水电站修建后，高高的拦河大坝截住了大量的河水，使得塞特凯达斯瀑布的水源大减。而且周围的许多工厂用水毫无节制，浪费了大量的水资源，再加上沿河两岸的森林被乱砍滥伐，水土大量流失，瀑布水量逐年减少。几年过去，塞特凯达斯瀑布已经逐渐枯竭，即使是在汛期，也见不到昔日的雄伟气势。它在群山之中无奈地垂下了头，像生命垂危的老人一般，

广角镜

吸取教训的巴西人

面对伊泰普水电站带来的问题，巴西吸取了教训，更为重视环保，巴拉那河的鱼类，可以沿产卵通道上溯到水坝上游繁殖。大批稀有动物也被精心转移护理，保留了种群。伊泰普公司在水坝沿岸植树2000多万株，建造了200～300米宽的林带，使水库边的绿色和热带雨林连成一片，保护了库区的水体。其中有7个自然生态保护区或生物庇护所。而且，历史学家和考古学家们进行了周密的勘查，查到289处历史遗迹，收集了各种文物。

的繁荣而动工兴建的。首席工程师是高尔，水坝经费由政府资助，因此他必须在政府限定时间之内完工，否则将会面临一大笔罚款。他们在建造水坝前，必须先开辟一条通往峡谷的道路，以运送物资。由于当时正处于经济大萧条时期，失业人数大增，因此为水坝的建造提供了大量的廉价劳动力。

在建造水坝之前，必须先把科罗拉多河分流，但河流两旁满布悬崖，因此唯一方法是在峡谷

奄奄一息，等待着最后的消亡。许多慕名而来的游人，见此情景，无不惆怅满怀，失望而去。

◎ 胡弗水坝

胡弗水坝是一座重力混凝土拱坝，横跨科罗拉多河，位于美国西南部城市拉斯维加斯东南48千米亚利桑那州与内华达州交界处，为美国最大的水坝，并被赞誉为"沙漠之钻"。

该坝于1931年由美国第三十一任总统胡弗为化解美国大萧条以来的困境及加速西南部地区

广角镜

恐怖的大萧条

大萧条是指1929～1933年的经济危机。这场灾难使中欧和东欧许多国家的公司破产了；它导致了德国银行家为了自保，而延期偿还外债，进而也危及了在德国有很大投资的英国银行家。在所有国家中，经济衰退的后果是大规模失业：美国1370万，德国560万，英国280万。大萧条对拉丁美洲也有重大影响：使得在一个几乎被欧美银行家和商人企业家完全支配的地区失去了外资和商品出口。

两边钻挖爆破，开辟 4 条分流隧道。

1932 年，河水首次流入隧道，分流工程成功。余下的工程只是利用混凝土去建设水坝，政府给予的限期为 4 年半，时间虽多，但高尔欲提早完工，以获得大笔奖金。1933 年，水坝总共倾注了 764550 立方米的混凝土，1935 年，水坝提早了 2 年完工，而高尔亦获得一笔奖金。胡弗水坝令 112 名工人失去性命。

1935 年 9 月 30 日，由罗斯福总

美国胡弗水坝

统主持了竣工仪式，罗斯福总统无比兴奋地说道："我来了！我看了！我服了！"水电工程自 1936 年竣工发电，建成之时为当时世界上最大的混凝土结构和发电设施。该坝高约 220 米，底宽约 200 米，顶宽约 14 米，堤长约 377 米。水坝建成后形成人工湖米德湖，该湖为西半球最大人工湖。湖区有 6 个码头，景色优美，已成为美国人游艇、滑水、钓鱼、露营度假圣地。

胡弗水坝位于州界上，且亚利桑那及内华达两州有一小时的时差，故水坝两端各设一时钟以方便过客对时。

该坝于 1955 年被评为"美国现代土木工程七大奇迹"之一。该工程建成后，在防洪、灌溉、城市及工业供水、水力发电

广角镜

唯一连任超过两届的美国总统

罗斯福（1882 年 1 月 30 日—1945 年 4 月 12 日），美国 31 位、第 32 任总统（1933 年 3 月 4 日—1937 年 1 月 20 日，1937 年 1 月 20 日—1941 年 1 月 20 日，1941 年 1 月 20 日—1945 年 1 月 20 日，1945 年 1 月 20 日—1945 年 4 月 12 日），美国历史上唯一蝉联四届（第四届未任满）的总统。罗斯福在 20 世纪的经济大萧条和第二次世界大战中扮演了重要的角色，被学者评为美国最伟大的三位总统之一，同华盛顿和林肯齐名。

等方面发挥了巨大的作用，为开发和建设美国西部各州做出了贡献。

◎ 阿斯旺水坝

尼罗河上所建的阿斯旺水坝，为世界上七大水坝之一。它横截尼罗河水，高峡出平湖。水坝长约 3830 米，高约 111 米。1960 年，在前苏联援助下动工兴建，1971 年建成，历时 10 年多，耗资约 10 亿美元，使用建筑材料 4300 万立方米，相当于大金字塔的 17 倍，是一项集灌溉、航运、发电的综合利用工程。

水坝建成后，其南面形成一个群山环抱的人工湖——纳塞尔湖，湖长 500 多千米，平均宽约 10 千米，面积约 5000 平方千米，是世界上第二大人工湖，深度和蓄水量则居世界第一。

水坝发电站首批机组于 1967 年投入运行，到 1970 年，大坝内安装的 12 部水电发电机组全部投入运转。到 1972 年发电近 37 亿千瓦时，占全国发电总量的 50%。此后，发电量以平均每年 20% 的速度递增。近

拓展阅读

大金字塔简介

开罗西南 10 千米处的吉萨区有三座很大的金字塔，分别是胡夫金字塔、哈夫拉金字塔和孟考拉金字塔，一般统称为大金字塔。其中以胡夫金字塔最为著名，也有用大金字塔指代胡夫金字塔的。胡夫金字塔是吉萨金字塔中规模最大、建筑水平最高、保存最完好的一座，大约建于公元前 2570 年，是法老胡夫给自己建造的陵寝。

年来，随着埃及电力工业的迅速发展，水坝发电站的发电量占全国发电总量的比例虽然在下降，但 1998 年其发电量仍达 107 亿千瓦时，约为 1972 年的 3 倍。

阿斯旺水坝一改尼罗河泛滥性灌溉为可调节的人工灌溉，从此埃及结束了依赖尼罗河自然泛滥进行耕种的历史。同时，水位落差产生的巨大电力也

成为埃及迈向现代工业文明的重要动力。

阿斯旺水坝是埃及现代化的起点。30多年来，它为埃及的工农业建设立下了汗马功劳，经济效益极大：新增农田灌溉面积近200万公顷；另有70万公顷的单季作物土地变成了双季耕种农田，农田复种指数增加。

阿斯旺水坝

但事物总是有利有弊。从建设之初至今，埃及国内对阿斯旺水坝的争论从没停止过，最大的争论点就是阿斯旺水坝对生态环境的影响。

历史上，尼罗河水每年泛滥携带而下的泥沙无形中为沿岸土地提供了丰富的天然肥料，而阿斯旺水坝在拦截河水的同时，也截住了河水携带而来的淤泥，下游的耕地失去了这些天然肥料而变得贫瘠，加之沿尼罗河两岸的土壤因缺少河水的冲刷，盐碱化日益严重，可耕地面积逐年减少，因而抵消了因修建大坝而增加的农田。

与此同时，由于没有了淤泥的堆积，自水坝建成后，尼罗河三角洲正在以约5毫米/年的速度下沉。专家估计，如果以这个速度下沉，再过几十年，埃及将损失15%的耕地，1000万人口将不得不背井离乡。

阿斯旺水坝还拦截了鱼群的食料，尼罗河河口的沙丁鱼每年占埃及海洋捕捞量的30%~40%，它主要靠营养物滋生的浮游生物为生，自从阿斯旺大坝兴建以后，沙丁鱼的捕获量就从过去的每年1.8万吨减少到20世纪60年代末的不足1000吨，后来更是下降到每年500吨。此外尼罗河口的捕虾量也减少了$\frac{2}{3}$。建坝以后下游地区还开始蔓延血吸虫病，变成了血吸虫病的高发区，同时带菌的疟疾蚊子从苏丹往北蔓延。

沙丁鱼

沙丁鱼为细长的银色小鱼，背鳍短且仅有一条，无侧线，头部无鳞。密集群息，沿岸洄游，以大量的浮游生物为食。沙丁鱼主要在春季产卵。所有沙丁鱼均为经济鱼种，可鲜食，也可腌制或熏制，亦可做成鱼粉或鱼油。

近年来，埃及正在积极采取措施，尽可能地把阿斯旺水坝的负面影响减小到最低。为此，埃及专门设立了"阿斯旺水坝副作用研究所"。此外，埃及还成立了一个由水资源部、环境事务部以及内政部组成的部长委员会。委员会计划对尼罗河的水质监管系统进行升级改造，保护尼罗河的主河道环境。

埃及着手修建 2 个大型引水和调水工程："和平渠工程"和"新河谷工程"。和平渠工程已于 1979 年动工，西起尼罗河三角洲的杜米亚特河，向东穿过苏伊士运河，将尼罗河水引到西奈半岛少有人烟的沙漠地带，在那里开辟新的家园。"新河谷工程"也已动工。根据规划，政府将用 20 年的时间，开挖 850 千米的水渠，将尼罗河水引入西南部沙漠腹地。

知识小链接

新河谷工程

新河谷指埃及西部沙漠中一系列洼地。总面积约 320 万公顷，$\frac{1}{4}$ 可以开垦。埃及在此实施开垦计划，命名新河谷工程。它包括建设一批深 300～600 米的承压井，以利用深层地下水，还从纳赛尔湖引来尼罗河水，扩大灌溉面积。

◎ 大古力水电站

20 世纪 80 年代中期以前，世界上最大的水电站位于美国西北部华盛顿州斯波坎市附近，是在美国境内的哥伦比亚河最上游的一座梯级水电站。

哥伦比亚河是一条国际河流，发源于加拿大不列颠哥伦比亚省的哥伦比亚湖，向南流入美国华盛顿州，然后向西于俄勒冈州注入太平洋，全长约 2000 千米，落差约 808 米。该河的一个重要特点是含沙量低，筑坝蓄水后水库不易淤积。现已在干流上建了 14 个梯级，在支流上建了 39 个梯级，是世界上水资源利用最充分的河流之一，大古力水电站是干流上的第四个梯级。

你知道吗

梯级水电站

自河流的上游起，由上而下地拟定一个河段接一个河段的水利枢纽系列，呈阶梯状的分布形式，这样的开发方式称为梯级开发。通过梯级开发方式所建成的一连串的水电站，称为梯级水电站。

大古力水电站始建于 1934 年，到 1951 年完成，装机容量约 197.4 万千瓦，是当时世界上最大的水电站。1967 年开始扩建，1980 年完工，装机总容量约 649.4 万千瓦，仍是当时世界上最大的水电站，直至 1986 年后让位于古里水电站和伊泰普水电站，居世界第三位。大坝长约 1272 米，从一端走到另一端要花 20 分钟左右的时间。它的基底宽约 152 米，高约 168 米。

建造大坝所用的大量混凝土，足以建造 4 座金字塔。

大古力水电站兼有防洪和发电双重功能，其有效库容约 64.5 亿立方米，其水量丰富，泥沙很少，水库无移民问题。水电站大坝为混凝土重力坝，坝高约 168 米，坝轴线为直线，长约 1272 米。中间为溢洪坝段，长约 503 米，溢洪道 11 孔，每孔净宽约 41 米，设计泄水能力约 28300 立方米/秒。坝体本身

大古力水电站

设有通航设施，坝址以上集水面积约 19.2 万平方千米，占哥伦比亚河全流域面积的 28.7%。坝址平均年径流量约 963 亿立方米。

水电站初期工程建有第一厂房和第二厂房，各装 9 台容量为 10.8 万千瓦水轮发电机组，第一厂房内还装有 3 台厂用机组，每台 1 万千瓦。扩建工程又新建了第三厂房，装有 3 台 60 万千瓦机组和 3 台 70 万千瓦机组，总容量为 390 万千瓦。初期安装的机组经重绕线圈后，提高出力至 12.5 万千瓦，18 台发电机合计出力达 225 万千瓦。电站平均年发电量共 202 亿千瓦时，电能用 230 千伏高压输电线向外输送。此外，大古力水电站计划再装 2 台 70 万千瓦常规水轮发电机组和 2 台 50 万千瓦的抽水蓄能机组，共 240 万千瓦，总装机容量将达 888 万千瓦。

大古力水电站用 60 万和 70 万千瓦大型水轮机，转轮直径分别为 9.78 米和 9.90 米，因尺寸过大，故采用分瓣制造现场焊接的技术。发电机转子重达 1760 吨，安装时，专门设计制造了起重能力达 2000 吨的厂内起重架。

◎ 第聂伯河水电站

第聂伯河水电站位于乌克兰第聂伯河下游，靠近乌克兰的扎波罗热市。

第聂伯河水电站 1 号水电站水库总库容约 24.6 亿立方米，有效库容约 5.3 亿立方米，淹没面积约 78 平方千米。

第聂伯河水电站于 1927 年至 1939 年建设完成，由美国工程师援助建设。它的电力直接供应新建的扎波罗热钢铁联合企业。1933 年蓄水，面积 410 平方千米，库容 33 亿立方米。平均深 8.2 米，水位变幅 2.9 米。年平均发电量 30 亿千瓦时。水库改善了第聂伯河通航条件，使基辅以下河段可通航。有城市供水、灌溉、渔业之利。它是当时世界上最大的水电站。

1941 年 6 月，德国入侵前苏联。9 月底基辅沦陷前夕，由前苏联最高统帅部下令炸毁电站，使德军不能获得电力。

1944 年乌克兰解放后，修复工程动工，1947 年第一台机组投入运行，1950 年修复工程竣工，修复后的水电站总库容约 33.2 亿立方米，有效库容约

8.5 亿立方米。装机容量增加到 65 万千瓦，年平均发电量 36.4 亿千瓦时。

1969 年，在 1 号水电站左岸兴建第聂伯河 2 号水电站，装机容量 82.8 万千瓦，年平均发电量约 50 亿千瓦时，总装机约 147.8 万千瓦。

2 号扩建水电站于 1969 年动工，1974 年第一台机组投入运行，1975 年工程竣工。该工程具有发电和航运等综合效益。因建第聂伯河水电站而形成第聂伯河水库。

第聂伯河水电站枢纽主要建筑物包括水电站厂房、重力坝和通航建筑物。

第聂伯河水电站为坝下游地面厂房，1 号水电站安装 10 台竖轴 PO－123 型水轮机组，单机容量 6.5 万千瓦，2 号水电站装机 8 台。厂房内设有 2 台半高架起重机。检修闸门、事故检修闸门和进水口拦污栅利用溢洪坝已有的起重机进行操作，尾水管闸门由门吊进行启闭。

第聂伯河水电站采用自动化管理，装有遥控设备和遥测装置。挡水前缘长约 1200 米，溢洪坝顶长约 760 米，最大坝高约 60 米，正常蓄水位约 52 米，下游最低水位 13.3 米。最大水头 39.4 米，设计水头 36.3 米，河床溢洪坝泄洪能力 25900 立方米/秒。非溢洪坝顶长约 251 米。

第聂伯河 1 号通航建筑物由上游停船港、三室单线船闸和下游引航道组成，闸室宽 18 米，长 120 米。2 号通航建筑物为一室单线船闸，闸室宽 18 米，长 100 米，最大提升高度 37.4 米，与 1 号船闸平行布置，闸室充水和泄水采用配水系统，下游泵船码头长约 290 米，上游泵船码头长约 260 米。

◎ 图库鲁伊水电站

图库鲁伊水电站位于巴西北部托坎廷斯河上，距贝伦市约 320 千米。

图库鲁伊水电站大坝为土坝，最大坝高约 98 米。水库总库容约 458 亿立方米。电站总装机容量约 796 万千瓦，第一期装机约 400 万千瓦。工程以发电为主，兼有航运、渔业、灌溉等综合效益。

图库鲁伊水电站工程于 1974 年开始施工准备，1975 年 11 月主体工程开工，1984 年第一台机组发电，1988 年底完成装机 400 万千瓦，待上游建库提高径流调节能力和巴西北部用电量需求增长后，再扩大容量至 796 万千瓦。

　　图库鲁伊水电站坝址处河槽表面覆盖一层冲积土，下面是图库鲁伊地层的灰玄土变质沉积岩和变质岩，右岸覆盖有厚 40 米左右的冲积土，右坝尖覆盖沙岩、黏土岩和砾岩，其下为千页岩，中间夹有一层石英岩。左岸表面覆盖一层 5 米厚的黏土，下面是变质沉积岩和变质玄武岩。

基本小知识

黏土岩

　　黏土岩是一种主要由粒径 <0.0039 毫米的细颗粒物质组成的并含有大量黏土矿物的沉积岩。疏松未固结者称为黏土，固结成岩者称为泥岩和页岩。大多数黏土岩是母岩风化产物中的细碎屑物质呈悬浮状态被搬运到沉积场所，以机械方式沉积而成的。部分黏土岩是铝硅酸盐矿物分解的产物在原地堆积而成或在水盆地中通过胶体凝聚作用形成的。

　　图库鲁伊水电站坝址以上集水面积约 75.8 万立方千米，多年平均年径流量 3470 亿立方米，多年平均流量 11000 立方米/秒，实测最大流量 68400 立方米/秒，设计洪水流量 100000 立方米/秒。水库正常蓄水位 72 米，总库容 458 亿立方米。死水位 58 米，调节库容 254 亿立方米，库容系数 0.07，可进行季调节。水库面积 2430 平方千米，回水 200 千米，库区搬迁人口约 1.5 万人。

　　图库鲁伊水电站工程主要建筑物包括土坝、溢洪道、厂房、通航建筑物等。

　　图库鲁伊水电站挡水前沿总长约 7810 米，由河槽斜心墙堆土石坝、右岸土坝、左岸"Y"形土坝三部分组成。

　　河槽土坝长约 1310 米，最大坝高约 98 米，上游坝坡 1:1.6，下游坝坡水上部分为 1:1.6，水下部分为 1:1.5。

　　大坝上游面在 48.5 米高度以上采用堆石护坡。右岸土坝坝长约 2611 米，最大高度 85 米，上游坝坡 1:2.5，下游坝坡 35 米高度以下为 1:2.5，35~50 米、50~65 米、65~78 米高度之间坝坡分别为 1:2.4、1:2.2 和 1:2。

　　上游面采用堆石护坡，厚度 1 米左右，下游面植草皮护坡。左岸土坝与右岸土坝相似，全长约 2330 米，最大坝高约 85 米，另外在距河槽土坝约 8 千米处，修建了一条长约 3218 米的副坝。

　　图库鲁伊水电站溢洪道的规模是世界上最大的，其泄洪能力为 10 万立方米/秒。溢洪道采用开敞式，总长约 580 米，最大坝高约 86 米。溢洪道上设 23 孔泄洪孔，每孔装有一扇宽 20 米、高 21 米的弧形闸门，闸门圆弧半径为 20 米，支铰高度约 59 米，采用液压机构启闭。每孔最大泄洪量 4250 立方米/秒。

　　进水口建筑物长 366 米，高 75 米，包括 12 个混凝土坝块，混凝土量为 141 万立方米。进水口闸门是定轮平板闸门，宽 10 米，长 13.8 米。

　　图库鲁伊水电站分两期施工，第一期厂房长 336 米，最大高度 34.39 米，厂房内安装有单机容量为 33 万千瓦的机组 12 台。水轮机为混流式，转轮直径 8.1 米，在额定水头 60.8 米时出力 31.6 万千瓦，流量 576 立方米/秒；在最大水头 67.6 米时出力 33.3 万千瓦，流量 599 立方米/秒；在最小水头 51.4 米时出力 25 万千瓦。

　　发电机为伞式立轴型，频率 60 赫兹，额定电压 13.8 千伏，额定电流 15700 安培。每台发电机配 1 台三相变压器，升压至 500 千伏。厂房内还安装有 2 台 2 万千瓦的厂用机组，总共装机 400 万千瓦。第二期厂房将再装 12 台机组，每台 33 万千瓦，共装机 396 万千瓦。

　　图库鲁伊水电站通航建筑物由两级船闸及中间运河组成，第一级船闸位于坝址处，中间经过 6 千米长、140 米宽的运河，到达第二级船闸，然后通向托坎廷斯河。船闸总水头 71 米，每级提升高度 35.5 米，闸室宽 33 米，长 220 米，可通过 4000 吨的船只，一次过闸最大货运量 32000 吨，年通过能力为 2.2 亿吨。

　　图库鲁伊水电站的施工导流分三期进行：第一期，围堰从左岸进占，将主河槽左半部围护起来并修筑导流建筑物，留下主河槽右半部和右河槽进行导流；第二期，围堰向右延伸向小岛连接，仅留下右河槽导流，在基坑施工的同时，右岸岸上部分的土坝也同时进行施工；最后第三期将右河槽堵住，一期围堰炸开，河水由溢洪道下的导流底孔通过。设导流底孔40孔，每孔断面宽6.5米，高13米，每孔最大流量为1400立方米/秒。

整个工程的工程量：土方填筑4530万立方米，石方填筑1900万立方米，土方开挖3480万立方米，石方开挖2120万立方米，混凝土浇筑量560万立方米。

◎ 丘吉尔瀑布水电站

丘吉尔瀑布水电站位于加拿大拉布拉多半岛纽芬兰省哈密尔顿河（又名丘吉尔河）上，在丘吉尔瀑布下游23千米处。

丘吉尔瀑布水电站工程主要以发电为目的，大部分电力售给相邻的魁北克省，用735千伏特高压输电线路送至蒙特利尔，距离1300千米。

丘吉尔瀑布水电站坝址区基岩为变质花岗片麻岩，带有辉长岩、闪绿岩及黑花岗岩的侵入体，坝下有分布不规则的粉沙、砾石及卵石的覆盖层，坝基处覆盖层厚度为12米。水库区地势较平坦，湖泊众多。

知识小链接

粉沙岩的分类

粉砂岩按碎屑成分划分为石英粉沙岩、长石粉沙岩、岩屑粉沙岩（少见）和它们间的过渡类型。根据胶结物成分划分为黏土质粉沙岩、铁质粉沙岩、钙质粉沙岩和白云质粉沙岩。黄土也是一种疏松的或半固结的粉沙质沉积物。粉沙岩多形成于河漫滩、三角洲、潟湖和海洋的较深水部位。

丘吉尔瀑布水电站坝址以上流域面积约6.93万平方千米，多年平均年径流量439亿立方米。水库由上水库、主水库、西前池和东前池组成，正常蓄水位448.6米，总库容约334亿立方米，调节库容约283亿立方米，可进行多年调节。

丘吉尔瀑布水电站设计洪水标准为洪峰流量 17000 立方米/秒。水电站利用哈密尔顿河上高 75 米的丘吉尔瀑布以及上下游急滩的集中落差，最大水头 322 米，设计水头 312.5 米。

丘吉尔瀑布水电站枢纽主要由土坝、溢洪道、引水系统和地下厂房等组成。

88 座土坝总长约 64 千米，平均高度约 9 米，用以抬高原有湖泊水位并从相邻河流上游引水，形成水库；前池坝最大坝高约 32 米，坝顶长度约 5506 米。建有 4 座控制闸门和 2 座溢洪道，总泄洪量 22300 立方米/秒。

丘吉尔瀑布水电站进水口至发电厂房间有 11 条压力斜洞，每条长约 427 米，上段用混凝土衬砌，洞径 6.1 米，下段用钢板衬砌，钢板厚 38~44.5 米。斜洞四周岩石采用高压灌浆。

丘吉尔瀑布水电站主厂房为引水式地下厂房，洞室长 300 米，宽 25 米，高 50 米。主厂房上游侧设变压器洞，长 261 米，宽 15.2 米，高 11.9 米；下游侧设尾水调压室，长 233 米，宽 15.9 米，高 45 米。下接 2 条未衬砌的尾水洞，各长 1690 米，宽 13.7 米，高 18.3 米。厂区基岩为变质花岗片麻岩，厂房埋深 256 米。开关站和水电站的控制管理楼设在地面。

丘吉尔瀑布水电站地下厂房内安装 11 台高水头混流式水轮发电机组，机组间距 22 米，单机容量为 47.5 万千瓦，水轮机转轮直径为 6 米和 6.1 米，额定容量 47.5 万千瓦，流量 180 米/秒，最大水头 322 米，设计水头 312.5 米。发电机功率为 50 万千瓦，电压为 15 千伏。发电机通过容量为 50 万千瓦的一次变压器，升压至 230 千伏。经过 230 千伏母线引出 6 条电缆，由电缆井接至地面容量为 100 万千瓦的二次变压器组，升至 735 千伏后送出。

◎ 因加水电站

因加水电站位于刚果（金）境内刚果河的下游，在金沙萨西南约 250 千米的因加地区内。该工程目的是发电，拟分阶段进行开发。混凝土支墩坝，最大坝高约 52.5 米。已建成的 2 座水电站：因加 1 号和因加 2 号水电站，是第一阶段的工程。

因加 1 号水电站于 1968 年 5 月开工，于 1972 年建成并投入运行，装机约 35 万千瓦；因加 2 号水电站于 1973 年初动工，于 1979～1981 年建成并投入运行，装机 140 万千瓦。

刚果河下游河段蕴藏着极为丰富的水能资源。因加地区 25 千米河段，落差达 100 米左右。在刚果河北岸的科科洛河谷是一条与刚果河平行的古河汊，通过山谷可以从主流引水获得 2000～3000 立方米/秒的流量。鉴于地形特别有利，并可利用废弃的老河床，因而可逐步进行开发，而且在前面的阶段中，无须对主河道进行截流。

第一阶段的工程包括：松戈大坝、因加 1 号与 2 号水电站、因加 1 号水电站尾水渠、因加 2 号电站引水渠等。

利用因加河湾上游右岸的科科洛河谷作为 1 号水电站的引水渠，在河谷出口处修建松戈大坝，坝后布置 1 号水电站。在松戈大坝右岸，河谷为 2 号水电站提供了一个宽阔的进水口。2 号水电站位于因加河湾下游、刚果河右岸岸坡上。

松戈大坝形成的水库可为 2 座电站运行供水。该坝为混凝土支墩坝，坝顶长约 550 米，最大坝高约 52.5 米。水库最高库水位为 156.3 米，最低库水位为 145.5 米。

松戈大坝由 3 部分组成，中央坝段的 6 个坝段为电站进水口，其上游面宽度为 18 米。每一坝块下游由 2 个宽 3.5 米、中心间距 11 米的支墩支护。6 根直径 5.5 米、长 86 米的压力钢管布置在支墩之间。

中央坝块的两侧为非溢流坝段，右侧 10 个，左侧 15 个，上游顶部宽度 11 米，由 3.7 米宽的支墩支护。在非溢洪坝的两端则为高度小于 20 米的重力坝段。右翼拐向下游，并作为因加 2 号水电站引水渠的进口边墩。

松戈大坝建在优质致密的基岩上，为防止渗漏，上游面和进水口的进口处均以防渗薄膜予以覆盖。

因加 1 号水电站是地面式水电站，长 135 米，厂房内轨距为 15 米。共 6

台机组，其中 1 台备用，装机容量 35 万千瓦，保证出力 30 万千瓦，年发电量 24 亿千瓦时。混流式水轮机正常水头 50 米，引用流量 140 立方米/秒，额定容量 6 万千瓦。交流发电机容量 6.5 万千瓦，电压 11 千伏。1 号水电站尾水渠长约 1230 米，流量约 780 立方米/秒。

因加 2 号水电站是地面封闭式水电站。在岩石上开挖的引水渠，其进口处在 3.5 米厚支墩间有 4 个各宽 14 米的进水孔，重力坝边墩与右边墩之间的总宽度约 66.5 米，泄洪孔高度为 22 米。通过 4 条输水道将松戈水库的水引向因加 2 号水电站，流量 2200 立方米/秒。

因加 2 号水电站引水坝为混凝土支墩坝，坝长约 176 米，坝高约 34 米，最高库水位 156.3 米。8 根压力钢管直径 8 米，长 105 米，连接进水口和厂房内机组。在上游端，压力钢管以 8.5 米长的渐变段与进水口连接并埋入进水口混凝土内。在下游端，用 1 条直径 8～6 米的锥管与水轮机蜗壳相连。

因加 2 号水电站厂房包括主机房、2 个安装间和中控室。主机房长 216 米，宽 30 米，8 台机组成直线安装；主安装间长 54 米，副安装间长 27 米，分别位于主机房两端。厂房从基部到房顶高 60 米，有 $\frac{3}{4}$ 高度位于地面以下。主变压器安装在压力钢管埋设段的上部。

因加 2 号水电站装机 8 台（其中 1 台备用），总容量约 140 万千瓦，保证出力 110 万千瓦，年发电量 96 亿千瓦时。混流式水轮机正常水头 56.20 米，最大水头 62.50 米，引用流量 315 立方米/秒，额定容量 16.20 万千瓦。竖轴式交流发电机容量 20.5 万千瓦，电压 16 千伏。

◎ 古比雪夫水电站

古比雪夫水电站又名伏尔加列宁水电站，位于俄罗斯伏尔加河与支流卡马河汇合口以下的干流上，距新古比雪夫斯科市 80 千米。工程于 1950 年动工，1955 年第一台机组投入运行，1957 年工程竣工。

古比雪夫水电站坝址河床宽阔，河谷左、右岸地形各异，右岸高且陡峭，由裂隙和岩溶发育的上石炭纪灰岩和白云岩所组成；左岸为细沙层，夹有亚黏土和透镜体夹层，岸坡为高的阶地。右岸河谷有一构造大褶皱，南翼陡峭，北翼平缓。整个坝区均为第四纪沉积物所覆盖，右岸厚达80米。

古比雪夫水电站坝区属典型的大陆性气候，彼尔姆附近年平均气温1.2℃，阿斯特拉罕附近9℃；最低气温西部－10℃，东部－16℃，年平均最高气温20℃~25℃。全年无霜期约200天，年平均降水量300~350毫米。

古比雪夫水电站坝址以上控制流域面积120.8万立方千米。多年平均径流量2410亿立方米，相应的年平均流量7620立方米/秒，枯水年径流量1460亿立方米，相应的年平均流量4640立方米/秒，丰水年平均年径流量3680亿立方米，相应的年平均流量11670立方米/秒，最大实测流量63900立方米/秒，最小实测流量1400~3400立方米/秒。

古比雪夫水电站正常蓄水位达到68米，大坝下游最高水位56.2米，最低水位38米。水库面积约6450平方千米。库区淹没损失较大，有两座城市受淹，后采用筑堤防护，淹没部分铁路、公路和森林。

古比雪夫水电站枢纽主要建筑物包括水电站厂房、土坝、混凝土坝和通航建筑物。坝顶全长约5500米。

古比雪夫水电站为河床混合式厂房结构，将泄洪设备与发电厂房结合布置在一起。

古比雪夫水电站厂房设泄洪底孔，经蜗壳下部，出流于尾水管顶板之上。水电站分10个双机组段，每段宽60米。

古比雪夫水电站厂房长660米，宽50米，高75米，装有20台单机容量11.5万千瓦的转轮式水轮机组，水轮机额定出力12.7万千瓦，最大出力13.2万千瓦。最大水头30米，设计水头19米，最小水头14米，设计流量670~713立方米/秒，转轮直径9.3米。发电机为立式同步CB－88型，额定出力11.5万千瓦，额定电压13.8千伏，发电机总重1515~1650吨。

每个双机组段有4个泄洪底孔，孔口尺寸为4.35米×3.4米。水轮机总过流量为9300立方米/秒，泄洪底孔总过流量18100立方米/秒，但有部分水轮机不参与泄洪。

古比雪夫水电站排污孔布置在左岸，直接与水电站相接，跨度约10.5米。拦污栅全长约58.4米，拦污建筑物与电站防渗铺盖采用柔性连接。

混凝土溢洪坝布置在河床左岸滩地上，共有38孔泄洪闸，各装有20米×10米闸门，总泄洪量39600立方米/秒，溢洪坝底长约1009.2米。工作闸门和事故检修闸门槽布置在隔墩内，隔墩上游面第三道门槽用于施工期。坝顶布置有铁路和公路以及吊车轨梁。

坝体垂直防渗墙为两排钢板桩，布置在防渗铺盖起始段和溢洪坝上游齿墙下部。板桩深埋约21米。左岸上游防渗板桩长约100米，右岸板桩长约200米。下游板桩长约30米。溢洪坝和土坝采用挡水墙连接。溢洪坝段有平板闸门，采用200吨门机进行启闭。

细沙填筑坝布置在溢洪坝和水电站之间。左岸土坝与溢洪坝相接，坝体长约1300米，右岸土坝与水电站相接，坝体长850米。坝基为沉积沙层，夹有卵-砾石夹层，隔水层深40~50米。滩地土坝最大坝高27米，河床土坝最大坝高43.5米。土坝上游采用钢筋混凝土护板，下游水上部分用砾石加固。

滩地土坝下游滩脚设有排水棱体，河床土坝坡脚设有块石戗堤。土坝坝顶布置有双线铁路和公路干道以及通讯电缆。

通航建筑物为双线上、下两级船闸，布置在左岸，共4个闸室各宽30米，长290米，包括上、下游导墙在内，混凝土浇筑量133.1万米。

槛上水深5米，最大水头29米。上级船闸在坝轴线处，前沿设有防浪堤和护岸堤。在上下级船闸之间有7千米长的引航道。闸室水头变幅14.6~10.6米。

◎ 努列克坝

努列克坝位于塔吉克斯坦瓦赫什河中游的普列刹峡谷处，心墙土石坝，最大坝高约300米，水库总库容约105亿立方米，有效库容45亿立方米，水库面积98平方千米，最大水头270米，装机容量270万千瓦，单机容量30万千瓦，年发电量112亿千瓦时。1961年开工兴建，1972年开始发电，1980年建成。该工程具有发电、灌溉和航运等综合效益。

大坝位于狭窄的河谷中，峡谷深达 300 米以上，河床宽 40 米。基岩为白垩纪沙岩和粉沙岩互层，岩层向上游倾斜，倾角为 30°～50°。沙岩坚硬且耐风化，粉沙岩与空气接触后即迅速失水，开裂并剥落，0.5～3 天表面即完全风化，需采取防护措施。

局部地区基岩上部覆盖一层厚 13～20 米的第四纪沉积物。坝区地震烈度为 9 度。坝址附近有两条大断层：一条在坝下游通过，距坝址 40 千米；另一条通过库区，距离坝址 12 千米。

努列克坝控制流域面积 3.07 万平方千米，多年平均径流量 205 亿立方米。万年一遇的洪水流量为 5400 立方米/秒，每年通过坝址处的悬移质泥沙 1 亿吨以上。气候炎热，年平均温度 14°C，最高温度 40°C，最低温度 -26°C。

努列克坝枢纽包括大坝、左岸泄洪隧洞和水电站。

努列克大坝为亚黏土心墙土石坝，最大坝高 300 米，坝顶长约 704 米，坝顶宽 20 米，坝基宽 1440 米，上、下游坝坡分别为 1:2.25 和 1:2。坝体方量 5800 万立方米，其中防渗心墙 780 万立方米，过渡区和反滤层 340 万立方米，上、下游棱体 3630 万立方米，上、下游干砌护坡 850 万立方米。

心墙下为混凝土垫座，最大厚度 23 米，长 157 米。垫座表面覆盖两层玻璃纤维加强的聚合薄膜，垫座内还布置有的 4.2 米×3.8 米廊道，供灌浆和检查用。

心墙与坝壳间设反滤层，上游侧坝顶至正常蓄水位高程为双反滤层，下部为单反滤层。心墙采用壤土，砂壤土及小于 200 毫米碎石料填筑；边缘区粒径小于 70 毫米，小于 5 毫米石料有 60%～80%。

反滤层第一层采用 0.05～10 毫米料填筑，第二层为 0.05～40 毫米，下部单层为 0.01～40 毫米。

坝壳采用天然砾石卵石混合料，其中粗卵石含量为 20%～25%，最大粒径 500～600 毫米。压坡料为 400～700 毫米粒径的毛石。

泄洪建筑物包括 1 条深孔泄洪隧洞和 1 条表孔泄洪隧洞。

深孔泄洪隧洞进水口底槛，处于正常蓄水位以下 100 米处。设有深 120 米的检修闸门竖井，并在 2 个地下闸室内分别安装有 3.5 米 × 9 米履带式平板事故检修闸门和 5 米 × 6 米弧形工作闸门各 2 扇。

你知道吗

壤土

壤土指土壤颗粒组成中黏粒、粉粒、沙粒含量适中的土壤。沙土是指含沙量约占 80%、黏土占 20% 左右的土壤。沙壤土就是介于壤土与沙土之间的土壤。

闸门设计水头为 120 米和 110 米。泄洪洞全长 1326 米，洞身为 10 米 × 10.5 米的城门形，工作闸门前为有压段，门后为无压段，最大流速达到 40 米/秒，泄洪量 2400 立方米/秒。

尾部接开敞式溢洪道，末端有挑流鼻坎，宽度由 10 米扩大至鼻坎处的 29 米。溢洪坝上设有 8 道掺气槽，槽深和槽宽均为 140 米，挑坎高 10 米。

表孔泄洪隧洞进口堰顶高 904 米，用斜洞与第三层导流隧洞连接，即将该导流洞尾段用作泄洪隧洞水平段，断面尺寸为 11.5 米 × 10 米，进口设有 2 扇 12 米 × 12 米弧形闸门，泄量为 2000 立方米/秒。

水电站建筑物包括一个临时发电进水口和 3 个永久进水口，1 条临时和 3 条永久的引水隧洞，3 条永久引水隧洞分别连接 3 条直径 6 米的压力钢管。

厂房为半露天式结构，长 200 米，高 40 米，在外部布置 300 吨门式起重机，在厂房顶板上设有露天安装平台。1972 年当坝体填筑量仅占总填筑量 20%，水头仅为设计的 40% 时，3 台临时水轮发电机组开始发电。1979 年 9 月，当坝体离坝顶还差 4 米时，9 台永久机组全部投产，此时的发电效益已收回全部投资。

努列克坝基础开挖 820 万立方米（其中石方 500 万立方米），地下开挖 180 万立方米；坝体填筑方量 5800 万立方米（其中堆石 920 万立方米，沙砾石 3800 万立方米，心墙区黏土 840 万立方米），混凝土 160 万立方米；金属结构和机械安装 7.13 万吨。最高月填筑量初期为 25 万立方米，后期 56 万立方米，最高年填筑量 850 万立方米。

中国水电发展

　　中国水能资源十分丰富，总储量居世界第一，而且人均占有量与世界平均水平最接近，达到世界人均值的81%，但是按照2008年中国初级能源消费结构的数据，中国的水电、风电和核能占能源消费总量的比重偏低，只有8.9%。比较其他国家来说，中国的水能利用率偏低，因此中国的水力发电还有很大的发展空间。

　　根据中国在2004年的水能资源普查结果计算，如果将已知的（可开发）水能资源充分开发，以100年计算，中国的常规一次能源总量将能够增加30%以上，相应地煤炭在总能源中的比重则可下降至51.4%，水能资源比重将上升到44.6%。如果要以200年计算，水能资源将大大超过其他任何能源资源，成为中国的第一大常规能源。

我国水力资源分布

中国幅员辽阔，蕴藏着丰富的水力资源。根据最新水力资源测算结果，我国大陆水力资源理论蕴藏量在 1 万千瓦及以上的河流共 3886 条，水力资源理论蕴藏量年电量为 60829 亿千瓦时，平均功率为 69440 万千瓦，理论蕴藏量 1 万千瓦及以上，河流上单站装机容量 500 千瓦及以上，水电站技术可开发装机容量 54164 万千瓦，年发电量 24740 亿千瓦时。

水能在我国能源资源中占有重要的地位和作用。我国常规能源资源以煤炭和水能为主，水能仅次于煤炭，居十分重要的地位。

常规能源资源包括煤炭、水能、石油和天然气。我国能源资源探明（技术可开发量）总储量 8450 亿吨标准煤（其中水能为可再生能源，按使用 100 年计算），探明剩余可开采（经济可开发量）总储量为 1590 亿吨标准煤，分别约占世界总量的 2.6% 和 11.5%。我国能源探明总储量的构成为原煤 85.1%、水能 11.9%、原油 2.7%、天然气 0.3%，能源剩余可开采总储量的构成为原煤 51.4%、水能 44.6%、原油 2.9%、天然气 1.1%。如果按照世界有些国家水力资源使用 200 年计算其资源储量，我国水能剩余可开采总量在常规能源构成中则超过 60%。

知识小链接

标准煤

能源的种类很多，所含的热量也各不相同，为了便于相互对比和在总量上进行研究，我国把每千克含热 7000 千卡（29307.6 千焦）的能源定为标准煤，也称标煤。另外，我国还经常将各种能源折合成标准煤的吨数来表示，如 1 吨秸秆的能量相当于 0.5 吨标准煤，1 立方米沼气的能量相当于 0.7 千克标准煤。

　　能源节约与资源综合利用是我国经济和社会发展的一项长远战略方针。国家把实施可持续发展战略放在突出的位置,可持续发展战略要求节约资源、保护环境,保持社会经济与资源、环境的协调发展。优先发展水电,能够有效地减少对煤炭、石油、天然气等资源的消耗,不仅节约了宝贵的化石能源资源,还减少了环境污染。

　　由于我国幅员辽阔,地形与雨量差异较大,因而形成水力资源在地域分布上的不平衡,水力资源分布是西部多、东部少。按照技术可开发装机容量统计,我国西部云、贵、川、渝、陕、甘、宁、青、新、藏、桂、蒙12个省区市水力资源约占全国总量的81.46%,特别是西南地区的云、贵、川、渝、藏就占66.70%;其次是中部的黑、吉、晋、豫、鄂、湘、皖、赣8个省占13.66%;而经济发达、用电负荷集中的东部辽、京、津、冀、鲁、苏、浙、沪、粤、闽、琼11个省市仅占4.88%。我国经济东部相对发达,西部相对落后,因此西部水力资源开发除了西部电力市场自身需求以外,还要考虑东部市场,实行水电的"西电东送"。

　　我国水力资源富集于金沙江、雅砻江、大渡河、澜沧江、乌江、南盘江、红水河、黄河上游、湘西、闽浙赣、东北、黄河北干流以及怒江13个水电基地,其总装机容量约占全国技术可开发量的50.9%。特别是地处西部的金沙江中下游干流总装机规模5858万千瓦,长江上游干流装机规模3320万千瓦,长江上游的支流雅砻江、大渡河以及黄河上游、澜沧

雅鲁藏布江大峡谷有着世界上最丰富的水能资源

江、怒江的装机规模均超过2000万千瓦,乌江、南盘江、红水河的装机规模均超过1000万千瓦。这些河流水力资源集中,有利于实现流域、梯级、滚动开发,有利于建成大型的水电基地,有利于充分发挥水力资源的规模效益,

实施"西电东送"。

流　域

　　流域是由分水线所包围的河流集水区。分地面集水区和地下集
水区两类。如果地面集水区和地下集水区相重合，称为闭合流域；如
果不重合，则称为非闭合流域。平时所称的流域，一般都指地面集水区。

◆ 我国水电开发状况

　　据测算结果，我国大陆水电理论蕴藏装机容量为 6.94 亿千瓦，年发电量
为 6.083 万亿千瓦时；技术可开发容量为 5.42 亿千瓦，年发电量为 2.47 万亿
千瓦时。自 2002 年开始，我国水电装机已跃居世界第一，到 2008 年底，水
电装机达 1.72 亿千瓦。2008 年水电发电量 5633 亿千瓦时，占当年全球水电
发电量的 18.5%。

　　从水电投产规模及近年来的建设运行水平来看，我国已当之无愧成为世
界头号水电强国。一是我国形成了完整的水电产业体系，培育了高素质的水
电技术和管理队伍。形成了力量强大的水电设计机构、施工承包单位、装备
制造商、开发运营商，具备功能完整、知识产权自主、品牌卓越的产业体系。
二是我国水电开发运行技术水平处于世界领先地位。20 世纪 70 年代初首座装
机过百万千瓦的刘家峡水电站投产，20 世纪 80 年代葛洲坝水电站投产，20
世纪 90 年代隔河岩、漫湾等"五朵金花"相继投产，我国水电技术水平不断
攀升。

　　以三峡工程的成功建设和运行为突出标志，我国水电开发运行技术水平
世界领先，水电成为我国为数不多的处于世界领先水平的行业。

　　新中国成立以来，我国十分重视水电建设。虽然由于历史、资金等因素，
水电建设曾出现起伏，呈现波浪式前进的态势，但 60 多年来水电建设也获得

了可观的发展，为国民经济发展和人民生活水平的提高做出了巨大贡献。

新中国成立初期，水电建设主要集中于经济发展及用电增长较快的东部地区，大型水电站不多。20 世纪 50 年代末，我们开始在黄河干流兴建刘家峡等大型水电站，但仍以东部地区的开发建设为主，西南地区丰富的水力资源尚未得到大规模开发，水电在电力工业中的比重仍然很低。

改革开放前，我国水电资源开发量还不到 10%，人均用电量相当于世界平均水平的 $\frac{1}{3}$，排全球第 80 位。十一届三中全会后，我国重新调整水电资源开发战略，不断加大水电基本建设力度，一项项国家重点工程相继开工，带来了水电开发的春天。

1979 年，电力部提出《十大水电基地开发设想》，包括黄河上游、红水河（含南盘江）、金沙江、雅砻江、大渡河、乌江、长江上游、澜沧江中游，以

拓展阅读

十一届三中全会

1978 年 12 月，中国共产党第十一届中央委员会第三次全体会议在北京举行。全会的中心议题是把全党的工作重点转移到社会主义现代化建设上来。十一届三中全会结束了粉碎"四人帮"之后两年中党的工作在徘徊中前进的局面，实现了新中国成立以来党的历史的伟大转折。这个伟大转折，是全局性的、根本性的。

及湘西和闽浙赣水电基地的布局，总装机容量达 1.7 亿千瓦。

1987 年 12 月，龙羊峡水电站第二台 32 万千瓦水轮发电机组投入运行。至此，我国拥有的发电设备装机容量已达到 1 亿千瓦以上，其中水电近 3000 万千瓦。

1992 年 12 月，长江三峡工程正式开工兴建。1997 年 11 月大江截流，2003 年如期实现"蓄水、通航、首台机组发电"三大目标。

1999 年 12 月，四川二滩水电站最后一台机组正式投产，总容量 330 万千瓦。

2000 年 3 月，广州抽水蓄能电站（二期工程）最后一台机组建成，电站总装机容量达到 240 万千瓦，成为世界上最大的抽水蓄能电站。

2000 年 11 月，全国瞩目的"西电东送"首批工程——贵州洪家渡水电站、引子渡水电站等 7 项发输电工程全面开工。

根据 2003 年全国水力资源测算成果，全国水能资源技术可开发装机容量为 5.4 亿千瓦，年发电量 2.47 万亿千瓦时；经济可开发装机容量为 4 亿千瓦，年发电量 1.75 万亿千瓦时。水能资源主要分布在西部地区，约 70% 在西南地区。金沙江、雅砻江、大渡河、乌江、红水河、澜沧江、怒江和黄河等大江大河的干流水能资源丰富，总装机容量约占全国经济可开发量的 60%，具有集中开发和规模外送的良好条件。

广角镜

输电的等级

输电的基本过程是创造条件使电磁能量沿着输电线路的方向传输。线路输电能力受到电磁场和电路的各种规律的支配。以大地电位作为参考点（零电位），线路导线均需处于由电源所施加的高电压下，称为输电电压。通常将 220 千伏及以下的输电电压称为高压输电，330～765 千伏等级的输电电压称为超高压输电，1000 千伏以上的输电电压称为特高压输电。

2004 年 9 月，随着黄河上游公伯峡水电站 30 万千瓦 1 号机组投产发电，我国水电装机突破 1 亿千瓦，从而超过美国排名世界第一位。同时，我国成功地解决了水电工程的一系列世界级技术难题，在高坝工程技术、泄洪消能技术、地下工程技术、高边坡工程技术、现代施工技术、大型机组制造安装技术、水电站运行管理技术、远距离大容量超高压输电技术等方面取得了创新性的突破，建成和正在建设一批大型和世界特大型水电站，使我国水电发展的技术水平已达到世界先进水平，并在某些方面处于领先水平。

到 2005 年底，全国水电总装机容量达 1.17 亿千瓦（包括约 700 万千瓦抽水蓄能电站），占全国总发电装机容量的 23%，水电年发电量为 3952 亿千瓦时，占全国总发电量的 16%。其中小水电为 3800 万千瓦，年发电量约 1300

亿千瓦时，担负着全国近 $\frac{1}{2}$ 国土面积的供电任务。全国已建成 653 个农村水电初级电气化县，并正在建设 400 个适应小康水平的以小水电为主的电气化县。我国水电勘测、设计、施工、安装和设备制造均达到国际水平，已形成完备的产业体系。

2006 年，电力行业整体发展也很迅猛，年新装机容量突破了 1 亿千瓦，水电的装机总容量现在已经达到了 1.29 亿千瓦。为什么会有这样大的差距呢？关键就是市场化机制。中国的电力行业正在从计划经济向市场经济转变，而市场经济这种体制、这种机制促进了水电的大发展。

截至 2007 年，我国水电总装机容量已达到 1.45 亿千瓦，水电能源开发利用率从改革开放前的不足 10% 提高到 25%，水电事业的快速发展为国民经济和社会发展做出了重要的贡献。

到 2008 年底，全国水电装机容量达到 1.72 亿千瓦，居世界第一，年发电量达到 5633 亿千瓦时，占全国电力装机容量的 21.6%，年发电量的 16.4%。

◎ "西电东送" 工程

"西电东送" 工程是我国的一项重大的能源发展战略，是西部大开发的标志性工程，为西部把资源优势转化为经济优势提供了新的历史机遇，对加快我国能源结构调整和东部地区经济发展，将发挥着重要作用。

知识小链接

西部大开发

西部大开发是我国政府的一项政策，目的是 "把东部沿海地区的剩余经济发展能力，用以提高西部地区的经济和社会发展水平、巩固国防"。2000 年 1 月，国务院成立了西部地区开发领导小组。国务院西部开发办于 2000 年 3 月正式开始运作。

新中国成立以来，特别是改革开放30多年以来，西部地区的经济已经有了很大的发展，具备了一定的物质基础，在水电建设方面取得了较大的成绩，也积累了较为丰富的水电建设经验。所有这些都为"西电东送"工程创造了有利的条件。

拓展阅读

我国的主要煤炭基地

①大同基地；②神府基地；③太原基地；④晋东南基地；⑤陕西基地；⑥河南基地；⑦兖州基地；⑧两淮基地；⑨贵州基地；⑩黑龙江东部基地。我国主要煤城有河北省的开滦、峰峰；山西省的大同、阳泉、西山；辽宁省的阜新；黑龙江省的鸡西、鹤岗；江苏省的徐州；安徽省的淮北、淮南；河南省的平顶山；山东的兖州。

"西电东送"工程是指开发贵州、云南、广西、四川、内蒙古、山西、陕西等西部省区的电力资源，将其输送到电力紧缺的广东、上海、江苏、浙江等地区。我国水能资源的分布极不均匀，90%的可开发装机容量集中在西南、华中和西北地区。特别是长江中上游的干支流和西南诸多河流，其可开发装机容量占到全国可开发装机容量的60%。此外，我国煤炭资源也集中在山西、贵州、陕西、内蒙古西部。我国经济发达的东部沿海地区，能源资源非常短缺，而北京、广东、上海等东部省市的电力消费却占到全国的40%以上。

根据规划，"西电东送"工程将形成三大通道。一是将贵州乌江、云南澜沧江和广西、云南、贵州三省区交界处的南盘江、北盘江、红水河的水电资源以及贵州、云南两省坑口火电厂的电能开发出来送往广东，形成南部"西电东送"工程通道；二是将三峡和金沙江干支流水电送往华东地区，形成中部"西电东送"工程通道；三是将黄河上游水电和山西、内蒙古坑口火电送往京津唐地区，形成北部"西电东送"工程通道。

贵州是"西电东送"工程的重点，不仅蕴藏着1640万千瓦的水能资源，而且拥有"江南煤海"之称，煤炭远景储量达 2400 亿吨，超过江南 9 省区之和，具有得天独厚的"水火互济"能源优势。乌江干流梯级开发规划建设 10 个大中型水电站，其中 9 个在贵州境内，装机容量 770 万千瓦，目前仅建成乌江渡水电站和东风水电站，装机容量共 114 万千瓦。在奔腾不息的乌江干流上开工建设的洪家渡水电站、引子渡水电站和乌江渡水电站扩机三大工程，总装机 149 万千瓦，总投资 73 亿元，工程项目建成后，乌江的水电装机容量将翻一番。加上同期建设的火电项目，贵州电力总装机容量将从 600 万千瓦增加到 1300 万千瓦，为实现"西电东送"工程目标打下了良好的基础。

内蒙古自治区是我国最早实施"西电东送"工程的省区之一，自 1990 年以来，每年向北京供电量由 6 亿千瓦时增加到 68 亿千瓦时，占北京用电总量的 $\frac{1}{5}$。内蒙古自治区向北京地区供电量在今后 5 年内将增长 50% 以上，达到 150 万千瓦，以满足北京地区用电需求的增长。内蒙古自治区在合作办电、电网及能源建设等方面，为我国实施"西电东送"工程提供了宝贵的经验。

广角镜
内蒙古自治区丰富的矿产

内蒙古自治区是中国发现新矿物最多的省区之一。自 1958 年以来，中国获得国际上承认的新矿物有 50 余种，其中 10 种发现于内蒙古自治区，包括钡铁钛石、包头矿、黄河矿、索伦石、汞铅矿、兴安石、大青山矿、锡林郭勒矿、二连石、白云鄂博矿。包头白云鄂博矿山是世界上最大的稀土矿山。内蒙古自治区是世界上最大的"露天煤矿"之乡。锡林郭勒盟苏尼特右旗查干里门诺尔碱矿，是亚洲天然碱储量最大的碱矿。

◎ 我国水电发展前景

从水电发展阶段来看，我国水电开发大大晚于西方发达国家，高峰期即将到来。发达国家中美国 20 世纪 60 ~ 70 年代处于大坝与水电建设的高峰期，现在水电建设速度有所减缓。挪威的水电发展始于 19 世纪末，规模开发是在第二次世界大战以后，20世纪60年代为挪威水电开发高峰期，年增装机容量年平均增长超过10%，进入20世纪80年代增长速度逐渐减慢，20世纪90年代后期新增装机容量很少，趋于稳定。这些国家的水电资源基本开发完毕。我国的水能资源极其丰富，与国外发达国家的差距很大，开发潜力也很大。但是，我国水电开发真正起步是于1949年新中国成立以后，与发达国家相比，起步较晚，目前正处于高速发展阶段。根据有关机构预测，到2050年我国水电资源将基本开发完毕。

中国经济已进入新的发展时期，在国民经济持续快速增长、工业现代化进程加快的同时，资源和环境制约趋紧，能源供应出现紧张局面，生态环境压力持续增大。据此，加快西部水力资源开发，实现"西电东送"工程，对于解决国民经济发展中的能源短缺问题、改善生态环境、促进区域经济的协调和可持续发展，无疑具有非常重要的意义。

进入21世纪后，我国水电开发进入关键时期。在这段时间内，如何充分吸取国外水电开发的成功经验，并根据我国的具体国情，探索出具有中国特色的水电开发体系，从而更好地发挥水电的自身优势，引导水电保持持续、协调和健康发展，为国家和社会经济发展服务，是一个必须要解决的问题。

◎ 中国水电建设之最

第一座水电站

云南石龙坝水电站。安装2台240千瓦水轮发电机组，1908年开工，1912年建成。

第一座梯级水电站

古田溪一级水电站，位于福建省古田县境内古田溪上。水电站引水隧洞长约1920米，洞径约4.4米，地下厂房长约59.6米，宽约12.5米，高约29.5米。它也是新中国首座地下厂房水电站。安装有2台6000千瓦、4台1.25万千瓦水轮发电机组，第一台6000千瓦机组于1956年3月投入运行。

古田溪一级水电站

最早的坝内式厂房水电站

上犹江水电站，位于江西省上犹县。大坝坝型为空腹重力坝，最大坝高 67.5 米。厂房设在大坝坝体内，长 75 米，宽 11.4 米，高 12 米。坝顶设 5 个溢洪孔口，采用自满鼻坎挑流消能。它也是中国首座空腹重力坝。安装 4 台 1.5 万千瓦机组，总容量 6 万千瓦。1955 年 3 月开工，1957 年 11 月投入运行，1961 年 5 月全部建成。

第一座自行设计建设安装的水电站

新安江水电站，位于浙江省建德县。1957 年 4 月主体工程开工兴建，1965 年竣工。大坝为宽缝重力坝，最大坝高 105 米，总库容 220 亿立方米。大坝淹没耕地 32 平方千米，迁移 29 万多人。厂房为厂顶溢洪式。电站共安装 9 台机组，总容量 66.25 万千瓦，年平均发电量 8.6 亿千瓦时。第一台 7.25 万千瓦机组于 1960 年 4 月投入运行。

第一座百万千瓦级水电站

刘家峡水电站，位于甘肃省永靖县的黄河干流。1958 年 9 月开工兴建，1961 年停工，1964 年复工，1974 年 12 月全部建成。坝型为重力坝，最大坝高 147 米，总库容 57 亿立方米。安装 5 台机组，总容量 122.5 万千瓦，年发

你知道吗

空腹重力坝的优点

空腹重力坝是在重力坝坝体内沿坝轴线方向布置大型纵向空腹的坝。这是近数十年发展起来的一种新坝型。空腹重力坝的优点：①坝体空腔对减少坝基扬压力及改善坝基应力有利，坝体混凝土量可较实体重力坝节省 20% ~ 30%；②节省了坝基开挖量；③便于散热；④有的坝体空腔内可以布置水电站厂房，特别是当河谷狭窄，洪水流量大，下游水位变幅大，布置地面厂房困难时有其优越性。

新安江水电站

电量 55.8 亿千瓦时。第一台 22.5 万千瓦机组于 1969 年 3 月投入运行。

第一个利用世界银行贷款兴建的大型水电站

鲁布革水电站，位于云南省罗平县、贵州省兴义县的黄泥河上。坝型为风化料心墙堆石坝，最大坝高 103.8 米，总库容 1.1 亿立方米。安装 4 台 15 万千瓦机组，总容量 60 万千瓦，年发电量 27.4 亿千瓦时。第一台机组于 1988 年 12 月投入运行，1991 年 6 月最后一台机组并网发电。鲁布革水电站的建设多渠道利用外资，多层次聘请外国咨询专家，引进先进技术和管理经验，采用国际招标方式，开创了中国水电站建设中质量高、速度快、造价低的新局面。

基本小知识

堆石坝

堆石坝是主体用石料填筑，配以防渗体建成的坝。它是土石坝的一种。这种坝的优点是可充分地利用当地天然材料，能适应不同的地质条件，施工方法比较简便，抗震性能好等。它的不足是一般需在坝外设置施工导流和泄洪建筑物。

20 世纪投产的我国最大水电站

四川二滩水电站，装机 330 万千瓦，单机容量 55 万千瓦，1999 年 12 月全部建成投产。

长江上第一座大型水电站

葛洲坝水电站，位于湖北省宜昌市。它也是世界上最大的低水头大流量、径流式水电站。1971 年 5 月开工兴建，1972 年 12 月停工，1974 年 10 月复工，

鲁布革水电站

1988 年 12 月全部竣工。坝型为闸坝，最大坝高 47 米，总库容 15.8 亿立方米；总装机容量 271.5 万千瓦。

黄河上第一座水电站

盐锅峡水电站，总装机容量 44 万千瓦，1958 年 9 月正式动工，1961 年 11 月第一台机组投产发电。

世界上最大的抽水蓄能电站

广州抽水蓄能电站，位于广州市从化县吕田镇深山大谷中。它是大亚湾核电站的配套工程，为保证大亚湾电站的安全经济运行和满足广东电网填谷调峰的需要而兴建。电站枢纽由上、下水库的拦河坝、引水系统和地下厂房等组成。总装机容量 240 万千瓦，装备 8 台 30 万千瓦具有水泵和发电双向调节能力的机组，在同类型电站中也是世界上规模最大的。除机电设备进口外，电站的设计、施工都是我国自行完成的，它标志着我国大型抽水蓄能电站的设计施工水平已跨入国际先进行列。

世界上海拔最高的抽水蓄能电站

西藏羊卓雍湖抽水蓄能电站，总装机容量 11.25 万千瓦，海拔 3600～4500 米。

世界上最大的水电站

长江三峡水电站，位于湖北省宜昌市三斗坪。它是我国规模最大的水电站，建成后最高水位 175 米，共安装 26 台单

拓展阅读

大亚湾核电站

大亚湾核电站位于我国广东省深圳市龙岗区大鹏半岛，是我国大陆建成的第二座核电站，也是我国大陆首座使用国外技术和资金建设的核电站。1994 年，大亚湾核电站投入商业运行，是中国第一座大型商用核电站。此后，在大亚湾核电站之侧又建设了岭澳核电站，两者共同组成了一个大型核电基地。

羊卓雍湖抽水蓄能电站

机容量为70万千瓦水轮发电机组，总容量为1820万千瓦，年平均发电量847亿千瓦时，具有防洪、发电、航运等巨大经济效益。1994年12月开工兴建，1997年11月8日，成功实现大江截流，标志着三峡工程第一阶段的施工任务已经完成。总工期17年，2003年首批机组开始发电，2009年工程全部竣工。

最大机组、最高大坝、最大库容的水电站

龙羊峡水电站，位于青海省共和县和贵南县的黄河上。它共安装4台32万千瓦机组，总容量128万千瓦，年发电量59.8亿千瓦时。混凝土重力坝高178米，水库容积247亿立方米。第一台机组于1987年9月投入运行，1989年6月全部建成发电。它不仅是我国目前单机容量最大的水电站，而且是大坝最高、水库容积最大的水电站。

最早自行设计、自行施工、自制设备的中型水电站

官厅水电站，位于河北省怀来县的永定河上。安装3台1万千瓦混流式水轮发电机组，总容量3万千瓦。第一台机组于1955年12月投入运行。

最早的大型混合式抽水蓄能电站

潘家口电站，位于河北省迁西县。电站上库为混凝土宽

拓展阅读

永定河

永定河旧名无定河，海河流域七大水系之一，是河北省的最大河流。流域面积约47016平方千米，其中山区面积约45063平方千米，平原面积约1953平方千米。永定河全长约747千米，流经内蒙古、山西、河北三省区，北京、天津两个直辖市，一起共43个县市。

缝重力坝，下库为混凝土闸坝，最大坝高分别为 107.5 米和 28.5 米。安装 1
台 15 万千瓦常规机组，于 1981 年 4 月投入运行。从意大利引进 3 台额定容量
7 万千瓦抽水蓄能机组。总装机容量 36 ~ 42 万千瓦，年发电量 6 亿千瓦时。
第一台机组于 1991 年 6 月投入运行。

最早的水头超千米的水电站

天湖水电站，位于广西壮族自治区全州县。水电站水头 1074 米，总装机
容量 6 万千瓦，年发电量 1.85 亿千瓦时。1989 年 7 月开工兴建，一期工程安
装 2 台 1.58 万千瓦机组，1992 年投入运行。

最早的连拱坝水电站

佛子岭水电站，位于安徽省霍山县淠河上。连拱坝由 20 个垛、21 个拱组
成，最大坝高 75.9 米，全长 510 米，坝身用混凝土浇筑。第一台 1000 千瓦机
组于 1954 年 11 月投入运行。安装有 2 台 1 万千瓦、3 台 3000 千瓦和 2 台
1000 千瓦机组，总容量 3.1 万千瓦。

最早的高水头梯级水电站

以礼河梯级水电站，位于云南省会泽县。电站分 4 级，设计水头 1313.5
米。二级水槽子水电站于 1956 年 7 月首先开工兴建，1958 年开始发电。到
1972 年 12 月，三级盐水沟水电站、一级毛家村水电站、四级小江水电站相继
建成发电。三级盐水沟水电站最大水头 629 米，是当时中国水头最高的水
电站。

最早的地下水径流水电站

六郎洞水电站，位于云南省丘比县。水电站利用天然溶洞作水库，最大
坝高 11.1 米，库容 8.2 万立方米、洞径 3.2 米的隧洞供水轮发电机发电。安
装 2 台 1.25 万千瓦机组，总容量 2.5 万千瓦。第一台机组于 1959 年 12 月投
入运行。

最早的混凝土梯形支墩坝水电站

湖南镇水电站，位于浙江省衢州市。最大坝高 129 米，坝顶长 440 米。
泄洪采用坝顶溢洪与底孔泄洪相结合的方式，在河床中部设 5 孔溢洪道，总

宽度 72.5 米，每孔净宽 14.5 米，采用引弧形闸门挡水。1958 年开工，1961 年停建，1970 年复工。

最早的闸墩式水电站

青铜峡水电站，位于宁夏回族自治区的黄河中游青铜峡谷口处。水电站为水闸式，机组布置在每个宽 21 米的闸墩内，厂房为半露天式，安装 7 台 3.6 万千瓦和 1 台 2 万千瓦水轮发电机组，总容量 27.2 万千瓦，年发电量 10.4 亿千瓦时。工程于 1958 年 8 月开工，1967 年 12 月投入运行，1978 年建成。

我国小水电发展

小水电属于非碳清洁能源，既不存在资源枯竭问题，又不会对环境造成污染，是我国实施可持续发展战略不可缺少的组成部分。因地制宜地开发小水电等可再生能源，把水力资源转变成高品位的电能，不仅对于农村地区的脱贫致富、提高人民生活水平具有现实意义，而且对保护生态环境，促进农村社会、经济、环境协调发展也有着十分重要的作用。

我国小水电资源十分丰富，5 万千瓦及以下的小水电资源可开发量达 1.28 亿千瓦，居世界第一位。小水电资源点多面广，除上海市外，遍及 30 个省份 1715 个山区县，主要分布在中西部地区和东部山区，70% 左右集中在西部大开发地区。尚未开发的小水电资源还有 8000 万千瓦左右，可再建小水电上万座，年发电量 2500 亿~3500 亿千瓦时，相当于 4 个以上特大型三峡水电站的电力电量，可扩大惠及广大贫困山区亿万农民。

新中国小水电发展经历了三个阶段，第一阶段平均每年增长 21 万千瓦，第二阶段平均每年增长 88 万千瓦，第三阶段平均每年增长 330 万千瓦。

新中国成立到 20 世纪 70 年代末是第一阶段。新中国成立后，我国实行"两条腿走路"的方针，结合江河治理，兴修水利，大力开发小水电，为农民农业农村用电服务。到 1979 年，小水电从无到有，从小到大。小水电除供农村生产生活用电外，同时还向国家电网输送电力，减轻了大电网的供电压力，改善了电力工业布局。全国累计建成 1.2 万千瓦以下的小水电站近 9 万座，装机 633 万千瓦，年发电量 119 亿千瓦时，全国有 50% 以

山区小水电

上的县开发了小水电，有 1000 个县主要靠小水电供电，使 1.5 亿无电人口用上了电。

　　改革开放到 20 世纪末是第二阶段。截至 2000 年底，全国共建成 5 万千瓦及以下小水电 4.8 万座，装机 2485 万千瓦，年发电量 800 亿千瓦时。1500 多个县开发了小水电，全国 $\frac{1}{2}$ 的地域、$\frac{1}{3}$ 的县市、$\frac{1}{4}$ 的人口主要靠小水电供电，小水电累计解决了 3 亿多无电人口的用电问题。我国开发小水电建设中国特色农村电气化，分散布点、就地建站、就近成网、站网相连、成片供电，突破了单纯依靠常规煤电长距离送电至边远山区建设农村电气化不现实、不经济、不科学的旧模式，比较好地解决了发展中国家共同面临的农村能源、生态环境和消除贫困的问题。

　　进入 21 世纪以来为第三阶段。中国农村水电和电气化事业的改革发展进入新阶段，肩负新使命，实现新任务。水电农村电气化建设实现新跨越，小水电取代燃料，生态保护工程开创新领域，农村集体和农民股份制办水电，开辟农民持续增收新途径。水能资源统一管理，依法确立和推进，农村水电电网大规模改造，农村水电资产战略性重组深入进行，农村水电有序开发，安全监管逐步到位，农村水电国际影响显著提高。

股份制

基本
小知识

股份制亦称股份经济，是以入股方式把分散的、属于不同人所有的生产要素集中起来，统一使用，合伙经营，自负盈亏，按股分红的一种经济组织形式。股份制的基本特征是生产要素的所有权与使用权分离，在保持所有权不变的前提下，把分散的使用权转化为集中的使用权。

2000 年以来，在国有资本的引导下，鼓励和支持集体资本、非公有资本投入农村水电建设，极大地推动了农村水电发展。小水电装机从新中国成立时的 3634 千瓦，到 1979 年 632.94 万千瓦、2000 年 2485 万千瓦、2008 年 5127 万千瓦，发生了翻天覆地的变化。

◎ 我国小水电产业发展面临的问题

尽管我国小水电建设几十年来取得了很大成绩，但是我国小水电开发程度还很低，仅占可开发资源的 28.6%，发电量也仅为全国总发电量的 5.5%，在发展过程中还面临着种种困难和不利条件的制约，主要包括以下几个方面：

（1）产业定位不准

由于认识上的局限，我国小水电的公益性和社会性地位长期以来没有得到确认。主要表现在：在国家产业政策中，小水电被不加区分地与大中型水电一同列入了竞争性项目，造成了与小水电已有政策的偏离，很大程度上制约了小水电的发展；与常规能源建设项目相比缺乏固定投资渠道及必要的资金支持，不能享受国家可再生能源的有关优惠政策。

（2）管理体制不顺

目前我国都在对小水电进行管理，在部门间产生了职能交叉。由于职责不明、分工不清，在一定程度上削弱了政府对小水电的宏观调控和行业管理。在省县级机构改革中，这种情况进一步加剧，使部分地区小水电管理处于混乱和停滞状态。

在 2009 年 5 月 11 日举行的第五届"今日水电论坛"指出，大力开发小水电资源"已成为当前和今后一个时期中国水电事业发展的重点"。截至 2008 年底，我国大陆已建成小水电站 4.5 万座，装机容量 5100 多万千瓦，年发电量 1600 多亿千瓦时，约占中国水电装机和年发电量的 30%。开发小水电，使全国 $\frac{1}{2}$

农民们庆祝小水电建成

的地域、$\frac{1}{3}$ 的县市、3 亿多农村人口用上了电。我国大陆地区小水电资源技术可开发量达 1.28 亿千瓦，但目前的开发率仅为 32%。

我国小水电开发的目标：到 2020 年，全国农村水电装机容量超过 7500 万千瓦。这意味着，未来 11 年，我国的水电装机容量将在现有 5100 万千瓦的基础上增长近 50%。

水电开发的制约条件和解决办法

我国水电开发取得了辉煌的成绩，但也不是一帆风顺。比如，我国目前的水电开发程度依然严重不足：以年发电量计算，到 2008 年底我国水电资源的技术开发程度仅为 22.77%，这与发达国家 70%～90% 的开发水平差距较大。另外，我国水电开发中面临许多制约条件，有些具有共性，有些则由中国的具体情况产生。

第一个制约因素是技术和装备水平不高。在新中国成立初期，主要的限制条件是技术水平和装备水平落后。那时我们只修过几座几百千瓦到几千千瓦的小水电，施工机械极缺，甚至连混凝土的振捣器都没有，加上经济实力薄弱，要修建大水电站简直近于做梦。经过半个多世纪的奋斗，这一困难可以说已经过去，许多外国专家都认为中国工程师"能够在任何江河上修建他们认为需要的大坝和水电站"。当然，我们在创新、质量和管理上和国际先进水平还有差距，仍须继续努力。

第二个制约因素是投入问题，尤其在计划经济时代，一切基础建设都由国家投入。水电开发集一次、二次能源建设于一体，要和江河打交道，与单纯为发电而修建的火电厂相比，投入总体较多、工期总体较长，尽管人们都明白这个道理，但在电力需求迅速增长的压力下，有限的资金总是先用于建火电厂，形成所谓"水火之争"。

第三个制约因素是中国的降水在时空上分布极为不均，这对开发利用水电是不利的。降水在时间上的不均，不仅使河流在汛期和枯水期的流量有巨大差别，而且还会出现连续枯水年或丰水年的情况。当然可以修建水库进行调节，但所需库容巨大，投入和移民问题都较难解决。降水在空间上分布不均，水能集中在西部，和各地区经济发展不协调，需长距离超高压送电，导致投入增加、成本提高。

第四个制约因素是移民问题和对环境产生某些负面影响。除低水头径流电站外，开发水电离不开修坝建库，总要淹没一些土地，动迁一些居民，还会对生态环境带来某些负面影响。我国人多地少，生态环境脆弱，移民工作困难，这无疑要增加水电开发的难度，今后也许会成为水电开发中最大的制约因素。

不过，总的来说，我国水电开发成就辉煌，完全具备进一步提高开发程度的市场基础、资源基础、物质基础、资金基础和技术基础。但目前国家能源战略中水电优先开发的战略地位受到严重挑战，水电开发遇到移民等新的制约因素，对水电开发的政策层面认识、行业内部认识、社会公众认识都存在严重偏差和混乱。针对这些问题，可以考虑从以下2个大的方面进行解决。

1. 从国家战略高度认识水电开发

水电在我国能源结构中占有举足轻重的地位，这是我国的基本国情，是我国实现经济社会全面协调可持续发展的基础背景。其实远不止如此简单，水电开发是我国水资源开发利用战略与能源战略的交集，是我国应对气候变化战略和区域协调发展战略的关键。

从国家水资源战略角度看，水电开发是促进水资源综合利用和保护的重要载体。同能源安全一样，水资源安全是关系到国家安全的重大问题。21世纪水资源正在变成一种宝贵的稀缺资源，水资源已成为关系到国家经济、社会可持续发展和长治久安的重大战略问题。水电开发是对水资源功能的清洁开发利用，利用水的势能而并不耗费水量。同时，水电开发具有巨大的经济效益，往往可以以水电开发为载体促进水资源的综合利用、开发与保护。尤其是在大江大河上，一座水电站就是一个水利枢纽，可以起到控制洪水、改善航运、调剂供水等多重功能。2009年8月，水利部在北京主持召开金沙江干流综合规划专家审查会，除了强调金沙江是我国重要的水电基地（经济技术可开发年发电量近6000亿千瓦时）外，同时指出金沙江是"南水北调"工程西线及滇中调水工程的水源地；金沙江汛期洪水总量约占宜昌以上长江洪水总量的$\frac{1}{3}$，金沙江梯级开发配合三峡水库运用，可进一步提高长江中下游的防洪标准，减少分蓄洪区的运用。因此，在金沙江及其他水电富集地区建库筑坝，决不仅仅是为了发电，同时是对水资源的综合利用与保护，对促进区域经济社会发展和国家整体水资源战略安全均具有极其重要的战略价值。

从国家能源战略角度看，水电是我国从高污染化石燃料转向清洁可再生能源过渡阶段无可替代的独特能源形式。在我国能源剩余可采储量中，原煤占51.4%，水力资源（按使用100年计算）占44.6%，原油和天然气仅占约4%。煤炭和水电作为我国主导能源形式在相当长一段时间内不会改变。以目前的消费水平，我国现在煤炭探明储量也就可以消费几十年。所以，要尽早、尽可能多地开发利用水电，增加电力供应总量，保障能源供应安全。另外，当前处于由化石能源向可再生新能源转变阶段，开发清洁能源、提高能源效率、促进节约能源、减少排放，是各国能源战略共同的目标。从目前情况看，风能、太阳能的能量密度低，价格昂贵，还存在大范围并网技术难题和可能的生态环保问题，以更清洁的形式开发煤电、水电及核电在相当长的时间内依然占主导地位。中国过多利用煤炭的压力会越来越大；核电的发展也受到铀资源的限制。因此，在这个转折期间，技术成熟、成本低廉的水电就具有不可替代的作用。

从应对全球气候变暖的国家战略角度看，水电开发是实现温室气体减排的"王牌"。1979 年在日内瓦召开第一届世界气候大会以来，全球对气候变暖的影响越来越重视。我国是二氧化碳排放最多的国家，我们必须认识到气候变暖问题已演变成敏感的国际政治经济问题，向中国提出温室气体减排的量化要求恐怕只是时间问题。在这种形势下，利用清洁的水力发电无疑是中国减少温室气体排放的一种明智选择。欧美发达国家水能资源已基本开发殆尽，在是否把水电作为有效的温室气体减排措施的问题上各国战略利益是不一致的。在这个问题上我们必须保持足够清醒，不能简单地跟着发达国家的水电政策走，而应旗帜鲜明地认可水电的清洁可再生、零温室气体排放的客观特性，争取将水电作为减排关键。折合成原煤计算，目前我国已开发利用的水能还不到 3 亿吨/年，而我国的水能技术可开发量约为 13 亿吨/年。根据国家《可再生能源中长期规划》，到 2020 年，可再生能源的比例要达到 15%，其中水电要从 2008 年的 1.7 亿千瓦增长到 3 亿千瓦。当前技术水平下，水电无疑是我国实现碳减排的最有效清洁能源措施。

从国家区域经济发展战略角度看，水电开发是我国经济自东向西梯度发展实施西部大开发战略的重要手段。我国水电资源 90% 以上集中在京广铁路以西，云南、四川、西藏、贵州等西部 12 个省份水电资源约占全国的 79.3%。发达国家的经验证明，流域水电开发往往会带动所在偏远区域经济社会的全面发展。这是因为水电属于资本密集型产业，产业链长，影响面宽，可以起到启动落后地区经济发展的龙头作用。由于我国西部水电所在地大都是经济落后地区，其开发不仅仅是工程开发，实际上通过移民等行为可实现社会系统的再造，可以为该地区引进资金、引进技术、引进人才，促进当地观念提升、文化进步和产业发展。

以水能资源的综合开发利用为纽带，将西部潜在的水电资源优势转化为现实的经济优势，实现水能资源的综合开发利用与区域经济社会发展、生态环境治理保护相结合，可极大地促进西部经济发展。

2. 尊重客观规律，切实转变水电开发方式

水电开发投资巨大，筹建、建设、运行周期长，影响面广，因此，水电开发是一项复杂的系统工程。要科学地开发水电，必须掌握其内在规律。

第一，必须尊重水电流域开发规律。一条河流的水电开发，应服从流域开发的基本规律，高度重视全流域的规划和布局，通过科学合理配置，实现整个流域的最佳资源开发。在流域开发方式上，一般采用龙头水库、支流控制、梯级开发的做法。在开发主体上，一条河流一般都会由一个主体统一开发。这是因为流域具有内在的整体性，河流水文状况有天然的上、下游连续性，一条河流上水电项目的运营有其固有的相互关联性。不重视流域水电规划，甚至将一条河流切割进行开发的做法，必然会严重影响流域的整体利益，造成水能资源的浪费。

第二，必须尊重水电公共产品属性规律。水电是一个国家或地区的基础性自然资源、社会性公共资源、战略性经济资源。水电具有共有、共建、共享的特性，是属于公众的资源。水电开发外部性强，既有正面的外部性，如水电开发带来防洪效益；同时也有负面的外部性，如水电开发造成水库中水流流速变缓，影响水体自净能力。认识到水电公共产品属性，政府就应严格加强水电开发和投产运营的监管，让利益相关者对水电开发具有合适的话语权和利益表达机制，让资源所在地居民分享水电开发的经济效益。

第三，必须尊重水电综合开发规律。所谓综合开发，就是指开发水电项目时，必须要把它当成水资源项目进行综合开发，统筹兼顾防洪、供水、生态环境、航运等方面的需求。由于只有将水能资源转化为电力才可带来可观的经济收益，以电养水、以电养航基本上是世界通例，即由水电承担项目其

他功能的成本，因此，在水电项目的规划、前期、实施、运行各个阶段，都应注重水资源的综合保护与利用，使得水电项目产生必要的综合效益。

第四，必须尊重水电基础建设规律。水电开发属大型基础建设，必须遵循基础建设程序。一般来讲，水电开发分项目规划、项目前期、项目实施、项目运行4个阶段。在项目规划和前期阶段，要在流域规划框架内，进行项目全面的地质调查、社会调查、生态环境调查、市场预测、规划设计、地质勘探、设计方案、科学试验、移民规划，提出可行性和必要性的论证，最终完成决策审批程序，这一过程往往要数年。水电开发必须遵循这一客观规律。如果项目选择和前期工作周期过短，投入力量不足，就会造成设计质量下降、科研论证不到位、决策失误的现象，从而对项目实施和投产运营带来负面影响乃至灾难性后果。

我国水电站简介

我国的水电站众多，遍布在全国各条水力资源丰富的江河上。下面就为人们介绍一些我国的大中型水电站，它们有的规模巨大，有的历史较长，有的技术创新多，代表了我国水电站建设的较高水平。

◎ 石龙坝水电站

石龙坝水电站是中国建设的第一座水电站，开创了中国水电建设的先河，被尊奉为中国水电站的鼻祖。

石龙坝水电站于1908年开始筹建，1910年开工，1912年4月发电，当时1、2号机组共480千瓦，使用当时中国第一条自建最高电压23千伏，经过35千米的线路，送电到昆明市区。

石龙坝水电站位于滇池出水道螳螂川上段，距昆明市区70余千米。滇池，位于昆明市区西南面，面积298平方米，蓄水量约13亿立方米。滇池的

广角镜

滇池名称的由来

　　滇池名称的由来可归纳为三种说法。一是从地理形态上看，晋人常璩《华阳国志·南中志》中说："滇池县，郡治，故滇国也；有泽，水周围二百里，所出深广，下流浅狭，如倒流，故曰滇池。"另一种说法是寻音考义，认为"滇颠也，言最高之顶"。第三种说法，是从民族称谓来考查，《史记·西南夷列传》有记载："滇"，在古代是这一地区最大的部落名称，故有滇池部落，才有滇池名。

　　1842 年鸦片战争后，云南和全国一样开始沦为半殖民地半封建社会。1885 年签订的《中法条约》给予法国在云南通商的特殊权益。1903 年，法国利用这个不平等条约，在云南兴建了滇越铁路昆明—河口段铁轨。1908 年，法国以滇越铁路通车后需用电灯为借口，向主管云南省工商业的劝业道（官署名）提出准其在石龙坝建设水电站的要求。宣统元年（1909 年）10 月，云南劝业道道员刘永祚得到云贵总督李经羲支持，拒绝了法国人的要求，倡议由云南省官商合办开发石龙坝水能资源，集资

出水口称海口，出口向西北进入螳螂川，最后进入金沙江。螳螂川由平地哨村经滚龙坝至石龙坝一段，河道坡陡流急，有 30 余米的落差。石龙坝是以滇池为调节水库而兴建的引水式水电站。当时这座水电站的主要工程：长 55 米、高 2 米的拦河石闸坝一座，长 1478 米、宽 3 米的石砌引水渠道一条，以及石墙瓦顶的机房一座，即第一车间，又称一机房，安装 2 台德国西门子公司生产的 240 千瓦水轮发电机组。

石龙坝水电站

开办耀龙电灯公司建设石龙坝水电站。宣统二年（1910年）1月20日经李经羲批准，于当年年底成立了耀龙电灯公司，云南省商会总经理王鸿图为总董事，左日礼为公司总经理，从此拉开了石龙坝水电站建设的序幕。

基本小知识

第一次鸦片战争

第一次鸦片战争（1840年6月—1842年8月），是中国历史上划时代的大事。1839年6月的虎门销烟后，英国发动侵略战争。后因战事不利，道光帝派直隶总督琦善与英国议和，签订了中国历史上第一个不平等条约《南京条约》。中国第一次向外国割地、赔款、商定关税，严重危害中国主权。它使中国开始沦为半殖民地半封建社会，并促进了自然经济的解体。

水电站建设初期工程，由德国礼和洋行通过与美国慎昌洋行竞争获得承包权利。云南省商会提出德国只负责引进勘测设计、建筑安装、施工管理等方面的技术，以及发送变电和装设电灯所需的设备器材。电站和输变电工程则在德国工程技术人员的指导下，由中国工人自己建设。经过17个月的艰苦努力，水电站终于在1911年10月30日建成，开始向昆明市区送电，结束了云南无电的历史。

你知道吗

洋 行

洋行是近代外商在中国从事贸易的代理行号。18世纪60年代兴起散商贸易，随之产生外商代理行号。1840年以后，外国在华洋行日益发展，是外国对华进行经济侵略的重要工具。

此后，1923～1936年，石龙坝水电站又进行过4次扩建，装机容量扩大到2440千瓦。1943年5月又进行了第五次扩建，装机容量达到6000千瓦，机组的启动、调整、并列基本实现了自动化控制，使石龙坝水电站旧貌换了新颜。

20世纪初，在我国沦为半封

建半殖民地的特定历史环境下，由中国人自己建设、自己管理的我国第一座水电站，在中国电力工业史上留下了闪光的足迹。因此，石龙坝水电站虽然不大，但其名声却很大。

1952 年，时任中共云南省委书记的宋任穷到电站考察。1957 年 3 月 18 日，朱德亲临电站视察时，向电站职工感慨地说："你们要好好保护电站，它是中国水力发电的老祖宗哟！"1992 年 1 月，中共云南省委、中共昆明市委将石龙坝水电站确定为昆明地区"近现代史国情教育基地"。1993 年 11 月，石龙坝水电站被云南省人民政府列为省级重点文物保护单位。1997 年被中共云南省委、云南省政府确立为"云南省爱国主义教育基地"。此后，每年到电站参观

拓展阅读

半殖民地半封建社会

半殖民地，是相对于完全殖民地而言的。它是指形式上有自己政府的独立国家，实际上政治、经济等社会各方面都受到外国殖民主义的控制和奴役，在社会发展形态上是历史的沉沦。半封建是相对于完全的封建社会而言的。它是指形式上仍是封建统治和自然经济占主导，实际上社会已逐渐近代化，资本主义经济、政治、思想文化等因素在不断发展壮大，在社会发展形态上是历史的进步。

考察的国内外宾客达 1 万余人次。2006 年 5 月，石龙坝水电站被国务院批准列入第六批全国重点文物保护单位名单。

◎六郎洞水电站

新中国第一座利用地下水发电的水电站——六郎洞水电站就建在云南省丘北县。

六郎洞，相传北宋名将杨六郎因抵御契丹有功，后因潘仁美陷害，率部退守西南，曾驻扎此洞，故名"六郎洞"。

1958 年 2 月，沉寂已久的六郎洞响起了机器的轰鸣声，开山炮的轰响与

六郎洞

奔腾咆哮的南盘江水奏起了交响乐，揭开了六郎洞水电站动工兴建的帷幕。

水电站建设大军历经 2 年时间的艰苦奋战，终于在 1960 年 2 月 25 日，使一座装机容量 2.5 万千瓦的我国第一座利用地下水发电的电站——六郎洞水电站并网发电。

六郎洞水电站位于云南省丘北县，建在南盘江右岸小支流六郎洞河上。六郎洞源头是一个大溶洞，由地下暗河流出。全河经 5.2 千米明流汇入南盘江。沿河多急滩瀑布，总落差 104 米。电站以堵洞方式形成地下水库，利用岩洞地下水发电。

六郎洞分为上洞和下洞，水自上洞流至下洞，上、下洞交叉重叠，有很多支洞沟通。六郎洞水源区以碳酸盐类岩层为主，经水源调查，暗河汇水面积约为 807 平方千米，水源区的地下水主要由降雨补给，该地区平均降雨量为 900 ~ 1300 毫米，年平均气温 16℃ ~ 20℃。六郎洞出口实测最大流量为 92 立方米/秒，最小流量为 10.5 立方米/秒。多年平均流量 23.8 立方米/秒。地下水分水岭高出六郎洞地下水库正常蓄水位，水源可靠，堵洞蓄水后，不会向库外渗漏。

水电站首部枢纽布置在六郎洞洞口，采用混凝土和钢筋混凝土封堵地下溶洞，将洞内水位抬高，取得水头，并形成总库容为 8.24 万立方米的不完全日调节水库。堵洞线下做地下水泥灌浆帷幕，帷幕线穿过左右两侧断层破碎带与沙页岩紧密相连。利用原出水口和下洞口修建溢洪道及排沙闸，构成具有壅水、泄洪、排沙等作用的建筑物。用超过 3 千米的压力引水道并建有调压井和 2 条地面钢管引水到南盘江边建地面厂房发电。为确保南盘江到达 200 年一遇洪水位 979.8 米时，机组能正常运行，主厂房采用封闭式钢筋混凝土结构，洪水位以下墙面作防水层处理，进厂大门作防洪闸门。

页 岩

页岩是一种沉积岩，成分复杂，但都具有薄页状或薄片层状的节理。它主要是由黏土沉积经压力和温度形成的岩石，但其中混杂有石英、长石的碎屑以及其他化学物质。

1958年，水电站开工建设。当时条件艰苦，建设者们在荒芜的密林、沙滩上安营扎寨，奋战在工地上，用心血和汗水，创造了一个个隧洞开挖的当时全国先进纪录：3.3米长的隧洞贯通时两洞中心仅有两三厘米的偏差，摸索掌握了在地下地质条件十分困难的情况下，战胜塌方频繁的全新施工方法，采用隧洞开挖与混凝土衬砌平行施工作业，尤其在国内首先使用自行设计和制造的风动输送混凝土泵浇筑顶拱的施工方法，既保证了安全，又加快了工程进度，体现了建设者们创造性的劳动态度。

塌 方

道路、堤坝等旁边的陡坡因风化、水浸、震动等影响或坑道、隧道、矿井的顶部因土质岩层松软突然坍塌，称为塌方。

六郎洞水电站的建成，使中国在研究岩溶发育的规律和利用地下水修建水电站方面积累了经验。在水源调查和研究岩溶发育规律的基础上，采用堵塞溶洞和防渗处理以提高水位，形成岩溶地下水库的布置方案，经过长期运行检验是成功的；进水口布置在溶洞内，从暗河引水，以防止

你知道吗

岩塞爆破

岩塞爆破是一种水下控制爆破。在已建水库或天然湖泊中取水、发电、灌溉、供水和泄洪时，为修建隧洞的取水口，避免在深水中建造围堰，采用岩塞爆破。岩塞爆破是一种经济而有效的方法。

地下水结垢的做法是合理的；进水口喇叭段采取岩塞爆破一次成型通水的施工方案也是正确的。

水电站已安全运行了40多年，不足之处是装机容量偏小。由于对地下水源的可靠性、堵洞后可能形成更大的库容认识经验不足，使水能资源得不到充分利用。水电站在电力系统中长期担任基荷运行，机组年利用小时数平均为6500小时，最高达7200小时，有长时间弃水不用现象。实践证明，这座水电站地下水源可靠，流量稳定，为增容改造提供了有利条件。1997年6月，在2号机组上采用优化的A553不锈钢转轮，改进导叶和尾水管，使2号机组出力由1.25万千瓦提高到1.5万千瓦。

◎ 小浪底水电站

小浪底水电站位于河南省洛阳市以北40千米孟津县小浪底，是黄河干流在三门峡以下峡谷河段唯一能够取得较大库容的控制性工程。坝址以上流域面积为694155平方千米，占黄河流域面积的92.2%，大坝控制进入黄河下游水量的90.5%和沙量的98.1%，具有承上启下的重要战略地位。

小浪底坝址上距三门峡大坝131千米，下距黄河京广铁路桥115千米。黄河在坝址以下20千米出峡谷，河床展宽，河道淤积，至京广铁路桥进入下游大平原，成为地上悬河。受堤防约束，河床不断淤积抬高，河道排洪能力降低，大约每10年需加高一次大堤，洪水威胁严重，堤防一旦失事，必将严重影响经济建设和人民生活，打乱国民经济部署。

知识小链接

京广铁路

京广铁路是中国一条从北京市通往广东省广州市的铁路，全长约2324千米。原分为南北两段。北段从北京市到湖北省汉口，称为"京汉铁路"，于1897年4月动工到1906年4月建成。南段从广东广州到湖北武昌，称为"粤汉铁路"，于1900年7月动工到1936年4月建成。在1957年武汉长江大桥建成通车后，2条铁路接轨，并改名为京广铁路。

　　根据黄河存在的突出问题，小浪底工程的开发任务是以防洪（包括防凌）减淤为主，兼顾供水、灌溉、发电、除害兴利，综合利用。

　　小浪底水库选择正常蓄水位 275 米（黄海基面），回水至三门峡坝下，总库容 126.5 亿立方米，与三门峡水库联合运用，并减轻三门峡水库防洪、防凌负担。

　　小浪底水库需保持有效库容 51 亿立方米供长期调节运用，其中防洪库容 40.5 亿立方米，调水调沙库容 10.5 亿立方米，兴利库容为重复利用防洪库容和调水调沙库容。水库拦沙库容 75 亿立方米。库区上半段河谷狭窄。

　　小浪底水库设计水位指标：正常蓄水位 275 米，万年一遇校核洪水位 275 米，千年一遇设计洪水位 274 米，汛期限制水位 254 米（亦为防洪起调水位），初始运用起调水位 205 米。

　　小浪底工程的水工建筑物集中布置于左岸风雨沟内，计有：3 条低位孔板泄洪洞，泄量 4582 立方米/秒；3 条高位明流泄洪洞，泄量 6450 立方米/秒；3 条低位排沙洞，泄量 2025 立方米/秒；1 条溢洪道，泄量 3764 立方米/秒。各级水位泄洪量：非常死水位（220 米）为 6769 立方米/秒，正常死水位（230 米）为 8048 立方米/秒，最高蓄水位（275 米）为 16821 立方米/秒，可满足泄洪排沙要求；初始运用起调水位（205 米）泄洪量 4930 立方米/秒，基本满足初始运用阶段亦可进行调水的要求；汛期限制水位（254 米）泄量 11200 立方米/秒，满足 50 年一遇洪水不上滩淤积，使库区滩面相对稳定的要求。

　　小浪底水电站装机容量 180 万千瓦，装机 6 台，单机容量 30 万千瓦，最大水头 139.2 米，最小水头 77.8 米，设计水头 117.8 米，单洞引水流量约 300 立方米/秒，机组泄量未计入水库泄流规模，以保安全。

　　水电站为地下厂房，其长、宽、高尺寸分别约为 251.5 米、26.2 米和 61.44 米，小浪底水库运用方式是根据防洪减淤为主、兼顾综合利用的开发目标制定的，其基本特点如下：

　　1. 水库运用时期和运用阶段

　　水库运用初期为"调水、调沙、拦沙"运用，运用后期为"蓄清排浑、调水调沙"运用。初期运用，主要完成水库拦沙，形成高滩深槽淤积相对平衡形态，又分3个运用阶段：

（1）起调水位蓄水拦沙阶段；

（2）逐步抬高主汛期水位拦沙阶段；

（3）逐步形成高滩深槽拦沙阶段。

后期运用主要进行年内调水多年调沙，保持51亿立方米有效库容，长期综合运用。

2. 水库初期拦沙运用特点

（1）起调水位蓄水拦沙阶段。为了减少持续下泄"清水"冲刷下游河道的时间，并使拦沙库容多拦粗颗粒泥沙，提高减淤效果，保证水电站于水库运用初期发电，水库选择起调水位205米，于工程截流后第三个汛期开始蓄水拦沙运用。205米水位以下库容17.1亿立方米，运行2～3年淤满，结束蓄水拦沙阶段。

（2）逐步抬高汛期水位拦沙阶段。为使水库拦粗（沙）排细（沙），提高减淤效果，在起调水位蓄水拦沙阶段结束后，水库进入逐步抬高主汛期（7～9月）水位拦沙阶段。主汛期控制水库平均排沙比约70%。主汛期库水位由205米逐步升高至254米，历时11～12年。

（3）逐步形成高滩深槽拦沙阶段。主汛期库水位有升降变化，最高254米，最低230米，滩地逐步淤高至设计滩面高程（坝前254米），河槽逐步降低至设计河底高程（坝前226.3米），历时14～15年，水库转入后期调水调沙运用。

3. 水库后期调水调沙运用特点

后期亦即正常运用期。主汛期利用254米高程以下10亿立方米槽库容调水调沙，6～10月蓄水调节运用。库区长期冲淤相对平衡，下游河道继续减淤。水库运行50年后，若发生设计或校核洪水的防洪运用淤积，有效库容小于46亿立方米后，此时将死水位降至220米有效库容。

基本
小知识

有效库容

有效库容，亦称调节库容。它指水库正常运行的最低水位以上到正常高水位间的库容。可用以进行径流调节。按照用水部门（如灌溉、水力发电、航运、给水、漂木、过鱼等）的需要，并考虑防洪要求，将径流重新分配使用。

水库初期和后期运用均实行调水调沙运用。主汛期调水调沙特点为：

（1）库补水提高枯水流量，保证发电流量 400 立方米/秒，改善下游河道基流和水质；

（2）泄放小水 400~800 立方米/秒，满足下游用水要求；

（3）避免平水下泄，减少下游淤积；

（4）增加中水和小洪水，发挥下游大水输沙作用，提高减淤效益。

◎ 葛洲坝水电站

葛洲坝水电站工程位于长江三峡的西陵峡出口——南津关以下 2300 米处，距宜昌市镇江阁约 4000 米。大坝北抵江北镇镜山，南接江南狮子包。全长约 2561 米，坝高约 70 米，宽约 30 米。大坝中央有 27 个泄水闸，每秒可排泄 11 万立方米的特大洪水。大坝控制流域面积 100 万平方千米，占长江流域总面积的 50% 以上。葛洲坝水电站工程是一项综合利用长江水利资源的工程，建成于 1988 年，具有发电、航运、泄洪、灌溉等综合效益。大坝的兴建，使水库水位增高 20 多米，向上游回水 100 多千米，形成一个蓄水巨大的人造湖，同时也有效地改善了三峡航道的险情，使货运量由 400 万吨左右猛增到 5000 万吨以上。为保证建坝后的顺利通航，大坝建有 3 座大型船闸，其中 2 号船闸是目前世界上少数巨型船闸之一。为防止泥沙淤积和在特大洪水时泄洪，大坝还建造了 2 座冲沙闸和泄洪闸。

冲沙闸

建于多沙河流上的水利枢纽，为排除进水闸或节制闸前淤积的泥沙，常设冲沙闸，以利引水冲沙。冲沙闸一般布置于紧靠进水闸一侧的河道上，其轴线与进水闸的轴线成正交或斜交，斜夹角有时不大，与拦河闸（坝）并排横跨河道布置。开启闸门，可将沉积在闸前的泥沙排至下游河道。洪水期，可利用冲沙闸兼泄部分洪水。也有将冲沙闸布置于进水闸的下方，用以正面冲沙。

葛洲坝水电站

葛洲坝水电站除了能够泄洪防涝，还能利用长江水力进行发电。如果乘着万吨巨轮过葛洲坝，乘客可以亲眼看见巨大的轮船通过大坝的水位调节，在转眼之间上升几十米。葛洲坝的泄洪闸放水时有着极其磅礴的气势，迸发的波涛和巨大的水声令人震撼。泄洪闸周围的环境也十分优美。

◎ 三峡水电站

三峡水电站又称三峡工程、三峡大坝，位于重庆市市区到湖北省宜昌市之间的长江干流上。大坝位于宜昌市上游不远处的三斗坪，并和下游的葛洲坝水电站构成梯级电站。它是世界上规模最大的水电站，也是中国有史以来建设的最大型的工程项目。三峡水电站的功能有航运、发电、养殖等。1992年4月3日，我国通过了《关于兴建长江三峡工程决议》。1994年12月14日，三峡水电站在前期准备的基础上正式开工。2003年开始蓄水发电。2009年基本完工。

三峡水电站的总体建设方案是"一级开发，一次建成，分期蓄水，连续移民"。工程共分三期进行。

广角镜

明渠导流

明渠导流是河水通过专门修建的渠道导向下游的施工导流方式。多用于河床外导流，适用于河谷岸坡较缓，有较宽阔滩地或有溪沟、老河道等可利用的地形，且导流流量较大的情况。与隧洞导流比较，因明渠的过流能力较大，施工较方便，造价相对较低，在地形条件和枢纽布置允许时，用明渠导流的较多。

一期工程从 1993 年初开始，利用江中的中堡岛，围护住其右侧后河，筑起土石围堰深挖基坑，并修建导流明渠。在此期间，大江继续过流，同时在左侧岸边修建临时船闸。1997 年导流明渠正式通航，同年 11 月 8 日实现大江截流，标志着一期工程达到预定目标。

二期工程从大江截流后的 1998 年开始，在大江河段浇筑土石围堰，开工建设泄洪坝段、左岸大坝、左岸电厂和永久船闸。在这一阶段，水流通过导流明渠下泄，船舶可从导流明渠或者临时船闸通过。到 2002 年，左岸大坝上、下游的围堰先后被打破，三峡水电站大坝开始正式挡水。2002 年 11 月 6 日，实现导流明渠截流，标志着三峡水电站全线截流，江水只能通过泄洪坝段下泄。2003 年 6 月 1 日起，三峡水电站开始下闸蓄水，到 6 月 10 日蓄水至 135 米，永久船闸开始通航。同年 7 月 10 日，第 1 台机组并网发电，到同年 11 月，首批 4 台机组全部并网发电，标志着三峡水电站二期工程结束。

三期工程在二期工程的导流明渠截流后就开始了，首先是抢修加高一期时在右岸修建的土石

你知道吗

围堰

围堰是指在水利工程建设中，为建造永久性水利设施，修建的临时性围护结构。它的作用是防止水和土进入建筑物的修建位置，以便在围堰内排水，开挖基坑，修筑建筑物。主要用于水工建筑中，除作为正式建筑物的一部分外，围堰一般在用完后拆除。

围堰，并在其保护下修建右岸大坝、右岸水电站和地下水电站、电源水电站，同时继续安装左岸水电站，将临时船闸改建为泄沙通道。整个工程于2009年基本完工。

三峡水电站大坝高程185米，蓄水高程175米，水库长600余千米，安装32台单机容量为70万千瓦的水电机组，是全世界最大的水力发电站。

◎ 丰满水电站

丰满水电站是中国最早建成的大型水电站之一，东北电网骨干电站之一。丰满水电站位于吉林市第二松花江上，1937年日本侵占东北时期开工兴建，至1945年战败撤退时，完成土建工程的89%，安装工程的50%。原计划装机8台各7万千瓦，2台厂用机组各1500千瓦，共计装机容量56.3万千瓦；还留有2个压力钢管，可再扩装2台机组。1943年开始发电，至1944年已安装好4台大机组和2台小机组，其余2台大机组在安装中，还有2台大机组的部分设备也已到货。其中3台大机组和2台小机组的水轮机由瑞士爱雪维斯公司供应，配装美国西屋电气公司的发电机；另3台大机组的水轮机由德国伏伊特公司供应，配装德国通用电气公司的发电机；还有2台大机组由日本的日立制作所仿造。日本投降时先由前苏联红军接管，拆走了几台机组。后来我国接收时，还剩下2台大机组和2台小机组，合计14.3万千瓦。

丰满水电站大坝高90.5

拓展阅读

享誉世界的西屋电气公司

西屋电气公司是世界上著名的电工设备制造企业。1886年，公司在美国建立了第一座交流发电厂，1890年，建立了第一条交流输电线路；1895年，在尼亚加拉瀑布安装了第一台水轮发电机；1900年，制造出美国第一台汽轮发电机；1955年，试制成超临界、二次再热汽轮发电机；1957年，建成了美国第一座商用核电站。大古力水电站的巨型水电机组也是西屋电气公司制造。

米，为重力坝，坝体混凝土方量 194 万立方米。日本撤退时大坝尚未完成，有些坝段还没有按设计断面浇完，而且坝基断层未经处理，已浇的混凝土质量很差，廊道里漏水严重，坝面冻融剥蚀成蜂窝状。大坝安全处于危险状态。

1948 年东北解放后，我国即委托前苏联彼得格勒水电设计院做出丰满水电站修复和扩建工程的设计。首先为了确保大坝的安全，我国决定采取积极的加固大坝措施，争取于 1950 年汛前突击浇筑 57360 立方米混凝土，以保汛期安全，结果胜利提前完成。接着在坝基和坝体内进行钻孔灌浆，共 72685 米；补修坝面

丰满水电站

27426 平方米。1953 年土建工程基本完成，水电站从 1953 年起陆续安装由前苏联供应的机组，其中有 1 台发电机是哈尔滨电机厂制造的，至 1959 年共新装了 6 台大机组。后来拆掉了 1 台小机组移作别用。现有机组为 1 台 6 万千瓦、2 台 6.5 万千瓦、5 台 7.25 万千瓦以及 1 台 1250 千瓦小机组，共计装机容量 55.375 万千瓦。通过 1 回 154 千伏和 5 回 220 千伏高压输电线分别向吉林、长春、哈尔滨等地送电，是东北电网中的一座骨干电站，不仅提供大量电量，还起到系统中调峰、调频和事故备用等重要作用。

基本小知识

灌　浆

灌浆是把浆液压送到建筑物地基的裂隙、断层破碎带或建筑物本身的接缝、裂缝中的工程。通过灌浆可以提高被灌地层或建筑物的抗渗性和整体性，改善地基条件，保证水工建筑物安全运行。

丰满水电站大坝全长约 1080 米。左侧为溢洪坝段，为孔口式溢洪堰，堰顶

高程252.5米，有11个孔，各宽12米，高6米。设计泄洪量9020立方米/秒，校核最大泄洪量9240立方米/秒。发电厂房位于右侧，长189米，宽22米，高38米。

丰满水电站在正常蓄水位261米以下的总库容为81.1亿立方米。死水位242米以下的死库容为27.6亿立方米。有效调节库容53.5亿立方米，调节性能相当好。设计洪水位为266米，校核洪水位266.5米。坝顶以上还有2.2米高的防浪墙。从正常蓄水位至校核洪水位之间有防洪库容26.7亿立方米，总库容达107.8亿立方米。

知识小链接

防浪墙

防浪墙是防止波浪翻越坝顶而在坝顶挡水前沿设置的墙体。它多用在水库、河道、堤坝上，起防浪、防洪、阻水作用。现有的防浪墙大多以钢筋、混凝土为主料，用模板浇筑而成。

丰满水电站的设计平均年发电量为18.9亿千瓦时。当1959年最后一台机组装好后，1960年的发电量即达27.49亿千瓦时，1963、1964、1965、1966、1972、1973年都超过平均年发电量。但后来有些年份因东北电力系统内严重缺电，煤又供应不足，丰满水电站被强迫提前放水发电，以致水电站长期在低水位下运行，甚至降至死水位以下5.14米。如1978年和1979年的发电量分别只有5.5亿千瓦时和7.0亿千瓦时。后来经过调整，现已恢复正常。

基本小知识

死水位

水库在正常运用情况下的最低水位。正常蓄水位与死水位之间的高差，称为水库消落深度。死水位应通过综合技术经济比较和分析选定。

◎ 新安江水电站

新安江水电站位于浙江省建德县，钱塘江支流新安江上，是由中国自己设计、施工，自制设备，自行安装的第一座大型水电工程。

新安江水电站以发电为主，兼有防洪、灌溉、航运等综合利用效益，水电站装机容量 662.5 兆瓦，保证出力 178 兆瓦，多年平均年发电量 18.6 亿千瓦时，以 220 千伏和 110 千伏高压输电线路各 4 回接入华东电力系统。

新安江水电站大坝为混凝土宽缝隙重力坝，最大坝高 105 米。工程于 1957 年 4 月开工，1960 年 4 月第一台机组发电，1978 年最后一台机组投入运行。

水文和水库特性：

坝址以上流域面积约 10480 平方千米，多年平均年径流量 112.5 亿立方米，多年平均流量 357 立方米/秒。设计洪水流量 27600 立方米/秒，水位 111 米。校核洪水流量 41280 立方米/秒，水位 114 米。水库正常蓄水位 108 米，防洪限制水位 106.5 米，死水位 86 米。水库总库容 220 亿立方米，调节库容 102.7 亿立方米，防洪库容 47.3 亿立方米。为多年调节水库。水电站最大水头 84.3 米，设计水头 73 米，最小水头 57.8 米。

枢纽布置：

坝址地基为泥盆系沙岩和下石炭系石英沙岩，断层、裂隙较发育。大坝坝顶长 465.4 米。

基本小知识

石英砂岩

石英砂岩为沉积岩中沉积碎屑岩中的砂岩，硅石（石英砂岩、石英岩、石英砂、脉石英）中一种。属玻璃和冶金辅助原料矿产。矿石化学成分为：二氧化硅 97.3% ～ 97.32%，氧化铝 0.97% ～ 1.04%，氧化铁 0.62% ～ 0.67%，氧化钙 0.034% ～ 0.043%，五氧化二磷 0.003%。吸水率 1.01% ～ 2.55%，耐火度 1716℃ ～ 1723℃。

厂房为坝后厂顶溢洪式。厂房顶部与拦河坝连接，厂房下部与拦河坝用垂直缝分开，厂房全长216.1米。副厂房布置在坝体与主厂房之间。110千伏和220千伏开关站均布置在大坝下游右岸山坡上。升船机位于左岸。厂房内安装9台竖轴混流式水轮发电机组，4台单机容量75兆瓦，5台单机容量72.5兆瓦，水轮机转轮直径均为4.1米。发电机额定电压13.8千瓦，除9号机为双水内冷式外，其余8台均为悬式空冷型。

溢洪道位于拦河坝河床部分坝后厂房的顶部，设9个表孔，孔口宽13米，高10.5米。闸门为平面定轮闸门。最大泄洪量13200立方米/秒。下泄的高速水流通过厂房顶部泄入河道。

工程量和运行效益：

主要工程量：土石方开挖586万立方米，混凝土浇筑176万立方米。混凝土最大日浇筑量达9000立方米，最高月浇筑量14万立方米。工程开工到第一台机组发电，工期仅3年。工程实际造价3.92亿元，单位千瓦造价591.7元。

运行效益：新安江水电站是华东电力系统主要调峰、调频和事故备用电源。至1990年底，总产值达27.05亿元，为水电站总造价3.92亿元的6.9倍。

遭遇二十年一遇到千年一遇洪水的情况下，经水库调节可以削减洪峰流量22%～28%，免除或减轻下游建德、桐庐、富阳等城镇和30万亩农田的洪水灾害。1960～1988年，已拦蓄大于10000立方米/秒的洪水11次，减轻直接经济损失1.1亿元以上。

水库上游形成110千米的深水航道，轮船可由大坝直航至安徽歙县。下游增加枯水期流量，航道得到改善。现在无霜期从238天延长到263.2天，有利于马尾松、柑橘、桑树等的种植。

水库形成"千岛湖"，成为闻名的旅游胜地。

◎ 刘家峡水电站

刘家峡水电站是黄河上游开发规划中的第七座阶梯电站，位于甘肃省临夏回族自治州永靖县（刘家峡镇）县城西南约 1 千米处。刘家峡水电站，是第一个五年计划（1953—1957）期间，我国自己设计、自己施工、自己建造的大型水电工程。1964 年建成后成为当时全国最大的水利电力枢纽工程，曾被誉为"黄河明珠"。

刘家峡水电站多年平均流量 877 立方米/秒，最大水头 114 米。装机容量 122.5 万千瓦，设计年发电量 55.8 亿千瓦时。水库总库容 57 亿立方米，有效库容 41.5 亿立方米。通过蓄洪补枯的调节，可提高刘家峡水电站本身及其下游已建的盐锅峡、八盘峡、青铜峡各级水电站的枯水期出力；改善甘肃、宁夏、内蒙古等省区 1580 平方千米农田灌溉条件；可解除兰州市百年一遇的洪水灾害；在解冻期可控制泄洪量，可防止内蒙古河段的冰凌危害；库区内的航运及养殖事业也得到相应的发展，综合利用效益显著。水库尾端的炳灵寺石佛古迹，经筑堤保护，成为游览胜地。

刘家峡水电站坝址的平均年输沙量为 9170 万吨，为黄河下游平均年输沙量 16 亿吨的 5.7%。它是黄河上游梯级规划拟定的上、中、下游三大控制水库的中间一座。工程于 1958 年 6 月完成初步设计后，同年 9 月开工兴建，1961 年因调整基础建设计划而暂停，1964 年复工，1969 年 3 月第一台机组发电，实际工期为

刘家峡水电站

7.5 年，1974 年底全部建成。运行实践证明，本工程的规划设计是成功的，工程质量是良好的，被评为水电工程优秀设计之一，并获全国科学大会科技成果奖。

刘家峡水电站主要由挡水建筑物、泄洪建筑物和引水发电建筑物 3 部分组成。挡水建筑物包括河床混凝土重力坝（主坝），坝顶全长 840 米，坝顶海拔 1739 米。主坝为整体式混凝土重力坝，最大坝高 147 米，主坝长 204 米，

顶宽 16 米，底宽 117.5 米。泄洪排沙建筑物包括溢洪道、泄洪道和排沙洞。四大汇水排沙建筑物在正常高水位汇洪能力可达 7533 立方米/秒，在水位1738 米时可达 8092 立方米/秒。

厂房位于主坝下游，为坝后、地下混合封闭式厂房，全长约 169.8 米，共安装 5 台大型水轮发电机组，设计总装机容量 122.5 万千瓦，保证出力 40 万千瓦，设计年发电量 57 亿千瓦时，主送陕西、甘肃、青海等省。

◎ 三门峡水利枢纽

三门峡水利枢纽位于黄河中游下段，河南省三门峡市和山西省平陆县的边界河段，控制流域面积约 68.4 万平方千米，约占全黄河流域的 92%。黄河平均年输沙量 15.7 亿吨，是世界上泥沙最多的河流。黄河下游河道不断淤积，高出两岸地面，成为"地上河"，全靠堤防防洪。黄河洪水又大，对下游广大平原威胁很大。

知识小链接

花岗岩

花岗岩是一种岩浆在地表以下凝却形成的火成岩，主要成分是长石和石英。因为花岗岩是深成岩，常能形成发育良好、肉眼可辨的矿物颗粒，因而得名。花岗岩不易风化，颜色美观，外观色泽可保持百年以上。由于其硬度高、耐磨损，除了用作高级建筑装饰工程、大厅地面外，还是露天雕刻的首选之材。

三门峡水利枢纽坝址地形地质条件优越，这一河段是坚实的花岗岩，河中石岛抵住急流冲击而屹立不动，把黄河分成 3 道水流，称人门、神门、鬼门，因此名为三门峡。这是兴建高坝的良好坝址。三门峡以上至潼关为峡谷河段，潼关以上地形开阔，可以形成很大的水库。

在三门峡建坝的想法很早就提出过，但对如何处理黄河的泥沙问题都没有深入研究。

新中国成立后，水力发电工程局对三门峡坝址做了大量勘测工作。1954年黄河规划委员会在前苏联专家组帮助下对所做黄河流域规划中，把三门峡工程列为根除黄河水害、开发黄河水利最重要的综合利用水利枢纽，推荐为第一期工程，随同黄河流域规划在1955年得到通过；后即委托前苏联彼得格勒设计院进行设计，1957年初完成初步设计，由水利部和电力工业部共同组成的三门峡工程局负责施工。1957年4月开工，1960年大坝建成。

在黄河流域规划中拟定的三门峡水利枢纽正常高水位为350米。初步设计中研究了350米、360米和370米方案，推荐360米。设计过程中我国一些泥沙专家考虑排沙要求，对泄洪深孔的高程提出意见，因而由原设计的孔底高程320米降至310米，以后又进一步降至300米。水库可起到

三门峡水利枢纽

防洪、防凌、拦泥、灌溉、发电、改善下游航运等巨大作用。当时拟定的装机容量为8台15万千瓦，共120万千瓦。

三门峡水利枢纽工程开工后不久，1958年初专家们对设计方案又进行讨论研究，确定三门峡水利枢纽正常高水位按360米设计、350米施工，初期运行不超过335米。

基本小知识

渭 河

渭河，中国黄河的最大支流，流域范围主要在陕西省中部。渭河发源于甘肃省渭源县鸟鼠山，东至陕西省渭南市，于潼关县汇入黄河。南有东西走向的秦岭横亘，北有六盘山屏障。渭河流域可分为东西二部：西为黄土丘陵沟壑区，东为关中平原区。

1960 年，大坝封堵导流底孔开始蓄水，专家们发现泥沙淤积很严重，潼关河床很快淤高，渭河汇入黄河处发生拦门沙，淤积沿渭河向上游迅速发展，所谓"翘尾巴"，这是过去没有预计到的。这影响渭河两岸农田的淹没和浸没，甚至将威胁到西安市的防洪安全。陕西省紧急呼吁，随即降低水位运行。但因低水位时水库泄洪排沙能力不足，洪水时库水位高，淤积还在继续发展。

为研究三门峡水利枢纽工程的处理办法，1962 年、1963 年水利学会组织了两次大规模的学术讨论会，提出了各种意见，最后决定对三门峡工程进行改建，并批准两洞四管的改建方案。设计指导思想，从过去的蓄水拦沙改为泄洪排沙。

第一次改建工程，于 20 世纪 60 年代中期实施两洞四管的泄洪排沙措施。首先利用 4 根发电引水钢管，改为泄洪排沙钢管，为防止泥沙磨损，在出口附近用环氧沙浆和铸石涂焊。接着在大坝左岸打 2 个泄洪排沙洞，进口底板高程 290 米，使其在较低水位时加大泄洪量。

1967 年，黄河干流洪水较大，渭河出流受到顶托而泥沙排不出去，至汛后发现渭河下段几十千米的河槽全被淤满，如不及时处理，将严重威胁次年渭河两岸的防洪安全。经过查勘研究，由陕西省动员人力，于当年冬季在新淤积的河槽内开挖小断面的引河，春汛时把河道冲开了。

第二次改建工程于 20 世纪 70 年代初期进行。改建工程包括打开大坝底部原来施工导流

拓展阅读

环氧砂浆及优点

环氧砂浆是以环氧树脂为主剂，配以促进剂等一系列助剂，经混合固化后形成一种高强度、高粘结力的固结体。其主要有以下优点：①化学性能稳定，耐腐耐候性好。②固结体具有高粘结力、高抗压强度且不受结构形状限制。③具有补强、加固的作用。④具有抗渗、抗冻、耐盐、耐碱、耐弱酸腐蚀的性能，并与多种材料的粘结力很强。⑤热膨胀系数与混凝土接近，故不易从这些被粘结的基材上脱开，耐久性好。

用的 8 个位于 280 米高程的底孔和 7 个位于 300 米高程的深孔（1960 年水库蓄水时这些底孔和深孔都被用混凝土严实封堵了）；还把 5 个发电进水口由原来的底坎高程 300 米降低至 287 米；安装 5 台 5 万千瓦的低水头水轮发电机组，共 25 万千瓦，1973 年开始发电。

经过两次改建后，在库水位 315 米时的泄洪能力，由原来的 3080 立方米/秒增加到 10000 立方米/秒（相当于黄河常有的较大洪水流量）。随着较低水位时泄洪能力的加大，排沙能力也相应增加，不仅使库容得到保持，而且前几年库内淤积的泥沙也逐渐冲走，改善了库区周围的生产条件。

三门峡水利枢纽工程的改建和泥沙处理，获 1978 年全国科学大会科技成果奖。

◎丹江口水电站

丹江口水电站是我国 20 世纪 50 年代开工建设的、规模巨大的水利枢纽工程，位于湖北省丹江口市汉江与其支流丹江汇合口下游 800 米处，具有防洪、发电、灌溉、航运及水产养殖等综合效益，并为将来引水华北实现"南水北调"中线工程提供重要水源，是开发治理汉江的关键工程。

丹江口初期工程由挡水坝、坝后发电厂、通航建筑物、泄洪建筑物工程 4 部分组成。挡水坝全长 2468 米，其中混凝土坝全长约 1141 米，最大坝高约 97 米，由 58 个坝段组成。

坝址以上流域面积约 95217 平方千米，年平均径流量 378 亿立方米，年平均流量 1200 立方米/秒。

设计洪水标准为：千年一遇设计，万年一遇校核。设计洪水流量 64900 立方米/秒，相应库水位 159.8 米；校核洪水流量 82300 立方米/秒，相应库水位 161.3 米。水库正常蓄水位 157 米，防洪限制水位 149 米。水库总库容约 209.7 亿立方米，调节库容约 102.2 米，防洪库容约 77.2 亿立方米。为多年调节水库。电站最大水头约 81.5 米，设计水头约 63.5 米，最小水头约 57 米。

枢纽布置情况：

一期工程，主坝坝顶总长 2494 米，其中混凝土坝长 1141 米，两岸土石坝总长 1353 米。枢纽由左岸土石坝段、左岸连接坝段、厂房坝段、溢洪坝段、深孔泄洪坝段、升船机、右岸连接坝段和右岸土石坝段等主要建筑物组成。

坝后式厂房内安装 6 台单机容量为 150 兆瓦的竖轴混流式水轮发电机组，经埋设在坝内的 6 条直径 7.5 米的压力钢管引水发电。水轮机转轮直径 5.5 米，额定出力 154 兆瓦，最高效率 92.8%。发电机为伞式空冷型，额定电压 15.75 千伏，定子铁芯内径 12.8 米。220 千伏和 110 千伏屋外开关站设在左岸下游台地上。

船舶过坝设施布置在右岸。上段采用垂直升船机，最大提升高度 50 米，设计载重能力 150 吨。下段为斜面升船机，轨道长 350 米。连同上下游导墙，过坝设施总行程 1166 米，设计年过坝运输量 83 万吨。

基本小知识

升船机

升船机又称举船机，是利用机械装置升降船舶以克服航道上集中水位落差的通航建筑物。由承船厢、支承导向结构、驱动装置、事故装置等组成。

上游距坝址 30 千米处，设两座灌溉取水渠首：挑岔渠首，引水流量 500 立方米/秒；清泉渠首，引水流量 100 立方米/秒。两座渠首引水高程均为 146.5 米。

泄洪设施：

深孔泄洪坝段设置 12 孔深水泄洪孔。孔口宽 5 米，高 6 米，底坎高程 113 米，最大泄洪量 9680 立方米/秒。溢洪坝段设 20 孔溢洪道。孔口宽 8.5 米，高 22.5 米，堰顶高程 138 米，最大泄洪量 39900 立方米/秒。6 台机组最大引用流量 1658 立方米/秒。

运行效益：

丹江口水电站为华中电力系统的主要电源之一。自 1968 年投产以来，发挥了调峰、调频和事故备用电源作用，至 1990 年底已累计发电 823.19 亿千瓦时。

水库建成后，使下游河道防洪标准由 6 年一遇提高到 20 年一遇，配合分洪工程，可提高到百年一遇。百年一遇洪峰流量经调蓄后可由 51200 立方米/秒减少到 13200 立方米/秒。它使上下游航道 850 千米得到改善。

建库后，渔业得到很大发展，捕捞量增加。

◎ 二滩水电站

二滩水电站位于四川省攀枝花市，是水电"富矿"雅砻江水电基地的第一期开发工程，距成都市 727 千米，距攀枝花市 40 余千米。电站以发电为主。正常蓄水位 1200 米，总库容 58 亿立方米，有效库容 33.7 亿立方米，属季调节水库。水电站内装 6 台单机容量 55 万千瓦机组，总装机容量 330 万千瓦，保证出力 100 万千瓦，年发电量 170 亿千瓦时。水电站建成后将供电四川主网，并就近供电攀枝花、西昌地区，是四川电网中的大型骨干工程。

坝址以上控制流域面积 11.64 万平方千米，多年平均年降水量 1038.5 毫米。坝址多年平均流量 1670 立方米/秒，多年平均年径流量 527 亿立方米。实测最大流量 11100 立方米/秒，设计洪水流量 20600 立方米/秒，校核洪水流量 23900 立方米/秒，可能最大洪水流量 30000 立方米/秒。多年平均悬移质输沙量约 2720 万吨，平均含沙量 0.52

广角镜

攀枝花水文特征

攀枝花属长江水系，河流多，境内有大小河流 95 条，分属金沙江水系、雅砻江水系，两江在此汇合。流域控制面积较大的有安宁河、三源河、大河三大支流，其中流域面积大于 500 平方千米以上的有 6 条。全市可开发水电装机容量约 700 万千瓦，已开发装机 347.4 万千瓦，尚有 350 多万千瓦水电装机容量可供开发。

千克/立方米；推移质年输沙量约 67 万吨。

电站属一等一级工程，枢纽由混凝土双曲拱坝、左岸地下厂房、泄洪建筑物、木材过坝转运设施等组成。拱坝坝高 240 米，拱冠顶部厚 11 米，拱冠梁底部厚 55.74 米，拱端最大厚度 58.51 米，拱圈最大中心角 91°49′。坝顶弧长约 775 米。

二滩水电站泄洪量大、水头高，而河床狭窄，经优化设计确定坝身表孔、中孔和右岸 2 条泄洪洞等 3 套泄洪设施组成的泄洪方式。3 套泄洪设施均按单独泄放常遇洪水设计，大洪水时 3 套泄洪设施联合泄洪。

二滩水电站

二滩水电站设计导流量为 13500 立方米/秒。前期导流方式采用不过水围堰隧洞导流、基坑全年施工的方案。上、下游围堰均采用沥青混凝土心墙堆石围堰，上游围堰堰顶高程 1062 米，最大堰高 56 米，堆筑方量 94 万立方米，基础最大防渗深度 37 米；下游围堰堰顶高程 1030 米，最大堰高 30 米，堆筑方量 19 万立方米，基础最大防渗深度 54 米。左岸、右岸各布置 1 条导流隧洞，其洞身长度分别为 1087.75 米和 1167.08 米，进口高程均为 1010 米。导流隧洞在施工期需在有压流态下宣泄设计洪水。左岸导流洞下游段在大坝建成后，作为电站 2 号尾水洞的一部分。导流洞断面均为方圆形，其尺寸（宽×高）均为 17.5 米×23 米。

基本小知识

沥 青

沥青是由不同分子量的碳氢化合物及其非金属衍生物组成的黑褐色复杂混合物，呈液态、半固态或固态，是一种防水、防潮和防腐的有机胶凝材料。用于涂料、塑料、橡胶等工业以及铺筑路面等。

　　二滩水电站工程施工准备从 1987 年 9 月开始，到 1991 年 6 月基本完成施工道路、桥梁、供电、通讯、施工营地及部分主体工程开挖。1998 年 7 月第一台机组发电，2000 年完工。

◎ 向家坝水电站

　　向家坝水电站是金沙江水电基地下游 4 级开发中的最后一个梯级电站，上距溪洛渡水电站坝址 157 千米，下距水富县城区 1.5 千米、宜宾市区 33 千米。

　　向家坝水电站坝址位于云南省水富县（右岸）和四川省宜宾市（左岸）的金沙江下游河段上，左、右岸分别安装 4 台 80 万千瓦机组，装机规模仅次于三峡、溪洛渡水电站，目前为中国第三大水电站。向家坝水电站装机容量 640 万千瓦。

　　向家坝、溪洛渡水电站建成后可以解决三峡水电站最大的心病——泥沙淤积。

　　专家认为，金沙江中游是长江主要产沙区之一，多年平均含沙量每立方米达 1.7 千克，约为三峡水电站入库沙量的 $\frac{1}{2}$。利用金沙江输沙量高度集中在汛期的特性，合理调度可使大部分入库泥沙淤积在库容内。而溪洛渡水电站正常蓄水位达 600 米，拦淤泥沙后不影响水电站效益。据分析计算，溪洛渡水电站竣工投用后，三峡水电站入库含沙量将比此前天然状态减少 34% 以上。

　　此外，它的防洪的作用也十分明显。溪洛渡水电站 273 米高的拦河大坝，将抬高水位 230 米，总库容达 126.7 亿立方米，可以较好地分担三峡水电站的防洪任务。

　　水电站枢纽工程由混凝土重力坝、右岸地下厂房及左岸坝后厂房、通航建筑物和两岸灌溉取水口组成。坝顶长度 909.26 米，左岸布置一级垂直升船机，最大提升高度为 114.20 米，设计单向年过坝货运量 254 万吨。两岸非溢洪坝段、左岸坝后厂房、左岸升船机、河中溢洪坝段、右岸地下厂房、两岸灌溉取水口共 7 个部分。大坝情况：坝型为重力坝，坝高 162，坝顶长度 909.26 米。水库面积 95.6 平方千米，水库为峡谷型水库。正常蓄水位 380 米（现在水位约 270 米），死水位（供水期未发电消落水位）370 米。

向家坝水电站以发电为主，同时兼有改善通航条件、防洪、灌溉、拦沙、对溪洛渡水电站进行反调节等综合效益。

向家坝水电站总装机 600 万千瓦。在上游有锦屏一级、溪洛渡水电站调节时，保证出力 200.9 万千瓦，年发电量 307.47 亿千瓦时。远期上游干支流规划的虎跳峡、两河口、白鹤滩等梯级大型调蓄水库相继建成后，保证出力将增加到 350 万千瓦以上，发电量和电能质量将稳定提高。巨大的电能通直流特高压送往华中、华东地区。

向家坝水电站汛期预留防洪库容 9.03 亿立方米，具有控制洪水比重大，距离防洪对象近的特点。目前川江沿岸的宜宾、泸州等城市的防洪标准仅达到 5 年至 20 年一遇，远远低于国家规定的 50 年至 100 年一遇的标准。因此，兴建向家坝水电站与溪洛渡水电站联合运用是解决川江防洪问题的主要工程措施之一，配合其他措施，可使宜宾、泸州等城市的防洪能力逐步达到国家规定的标准。同时，配合三峡水电站的进一步提高荆江河段的防洪能力，减少长江中下游地区的分洪损失。

金沙江属山区型河流，因河道狭窄，滩多流急，给航运事业的发展造成较大的困难。目前，金沙江营运通航河段仅宜宾至新市镇 105 千米航道为五级航道。向家坝水电站通航建筑物按四级航道标准设计，水库形成后，将淹没需要整治的 84 处碍航滩险，库区将成为行船安全的深水航区，航运条件得以根本改善。同时与溪洛渡水电站的联合调度运行，可改善下游枯水期的航运条件。

紧靠向家坝水电站坝址下游的长江两岸均系丘陵农业区。这一地区土地肥沃，气候适宜，但缺乏大型骨干水利设施，田高水低，旱灾频繁发生，水源成为此地区农业发展的制约因素之一。向家坝水电站建成后，可引水灌溉下游 14 个县市的农田约 370 万亩，并可解决灌渠沿线部分城镇工业和生活用水问题，对于改善当地人民生活水平，促进经济发展和社会稳定将起到积极作用。

向家坝水电站年平均发电量 300 多亿千瓦时，可替代同等规模的燃煤火电厂，相当于每年减少原煤消耗约 1400 万吨，每年减少二氧化碳排放约 2500 万吨、二氧化氮约 17 万吨、二氧化硫约 30 万吨。它不仅可以节约煤炭资源，还可减少燃煤污染，改善四川盆地环境质量。